Dietrich Volkmer

Der Mensch - Allein im Universum ?

Reflexionen eines Erdenbewohners

Dietrich Volkmer

Der Mensch -

Allein

im Universum ?

Dieses Buch enthält neben einem sachlich-
wissenschaftlichen Teil im Anhang noch - um auch die
Phantasie nicht zu kurz kommen zu lassen - drei Science-
Fiction-Kurzgeschichten.
Neu hinzu gekommen sind Betrachtungen zu den
Thesen von Erich von Däniken, über fühere Aliens-Ver-
mutungen und über das Beamen.
Zusätzlich: Bilder über fiktive Welten

Die Deutsche Nationalbibliothek verzeichnet diese Publikation
in der Deutschen Nationalbibliografie;
Detaillierte bibliografische Daten sind im Internet unter
http://dnb.ddb.de abrufbar

Text, Layout, Umschlaggestaltung und Fotos
Dr. Dietrich Volkmer
Die Planetenbilder wurden mit dem Programm Detailer auf
Windows XP konstruiert. Die fiktiven Planetenoberflächen
wurden mit Bryce 5 erstellt.

Titelbild: Dr. D. Volkmer

Internet-Seiten
www.drvolkmer.de   www.literatur.drvolkmer.de
www.buchtipps.drvolkmer.de   www.privat.drvolkmer.de

Herstellung und Verlag
BoD Books on Demand
Norderstedt
Printed in Germany

ISBN 9783752898729

Inhalt   Seite

Die Natur schafft immer von dem was möglich ist das Beste.
Aristoteles

Die Natur ist unendlich reich, und sie allein bildet den großen
Künstler
J.W. von Goethe

Alles Menschliche muß erst werden und wachsen und reifen und
von Gestalt zu Gestalt führt es die bildende Zeit
Friedrich Schiller

Die Gravitation ist der geheimnisvolle Urquell des Universums.
Ein überall gleichzeitiges, immerwährendes, unerschöpfliches
gewaltiges Kraftfeld.
H.W. Woltersdorf

Und humorvoll:

Bei der Eroberung des Weltraums sind zwei Probleme zu lösen:
die Schwerkraft und der Papierkrieg. Mit der Schwerkraft wären
wir fertig geworden.

Freiherr Wernher von Braun

Viele Jahrhunderte oder Jahrtausende betrachtete der Mensch die leuchtenden Punkte am Nachthimmel ohne die Fragen, die wir uns heute manchesmal stellen.

Die Sumerer, Babylonier und Chaldäer waren Astronomen und Astrologen zugleich. Sie konnten bereits Sonnenfinsternisse berechnen. Die Konstellationen am Sternenhimmel deuteten sie nicht als Verursacher, wie es heute noch viele astrologische Dilettanten glauben und formulieren, sondern als Hinweise auf mögliche Ereignisse. Eine Art himmlische Koinzidenz.

Die Ägypter hatten ein Auge auf den Stern Sirius (Sotiris) geworfen, weil sein Erscheinen über dem Horizont zeitliche Hinweise für Saat und Ernte sowie die wichtige Nilflut gab.

Bis ins Mittelalter bestimmte die Kirche mit ihren Satzungen, was der Mensch von der Erde, der Sonne und den Sternen zu halten habe. Die Erde war der Mittelpunkt der Welt, alles andere kreiste um die Erde herum.

Kopernikus und Kepler störten diese religiösen Fixationen, in dem sie die Erde aus ihrer zentralen Rolle lösten und sie um die Sonne als Zentralgestirn kreisen ließen.

Galilei musste seine Thesen am Ende widerrufen.

Ein tragisches Schicksal erlitt Giordano Bruno (1548 – 1600). Er wagte zu behaupten, dass der Weltraum unendlich sei und das Universum eine ewige Dauer habe. Das kollidierte natürlich mit der biblischen Schöpfungsgeschichte. Er glaubte ferner an das Vorhandensein unendlich vieler Lebewesen auf anderen Planeten im Universum. In einer Schrift „Mit den Flügeln des Geistes" unternahm er sogar Reisen zum Mond und anderen Gestirnen.

Wegen seiner progressiven Ideen wurde er sieben Jahre in der Engelsburg inhaftiert und am 17. Februar 1600 in Rom auf dem Scheiterhaufen öffentlich hingerichtet.

Religion und Naturwissenschaft lagen Lichtjahre auseinander.

Als mir mit acht oder neun Jahren erstmals ein altes Buch über Astronomie in die Hände fiel – ich habe in meinem Buch „Der Urknall" ausführlich darüber berichtet - war ich zwar von der Weite und Größe des Alls und der Vielzahl der Sterne und Milchstraßen überwältigt, aber die Frage nach Lebewesen außerhalb unserer Erde stellte sich mir nie.

Erst viel später, als ich die ersten Perry-Rhodan-Hefte las, musste ich staunend konzedieren, dass es wohl woanders auch Leben geben könnte. Wo allerdings – das konnte ich mir nicht vorstellen, denn bis dahin waren außer unseren Co-Planeten keine anderen Planeten bekannt. Und auf irgendwelchen Sonnen eine Existenz von Leben anzunehmen, das erschien doch absurd. Feuerwesen konnte ich mir nur schwer imaginieren.

In den Fünfziger und Siebziger-Jahren kam der Hype mit den UFOs auf, der die Frage nach Leben von außerhalb wieder einmal ins Bewusstsein der Menschen hob.

Die Filmserie „Raumschiff Orion" beflügelte mit ihren interstellaren Reisen und den Begegnungen mit Andersartigem die Phantasie.

Inzwischen sind zig Filme mit diesen Themen gedreht worden.

Und Science-Fiction-Romane sind auf dem Markt in sämtlichen Variationen erhältlich, in denen Begegnungen mit Außerirdischen gang und gäbe sind. Ein Grund, sich einmal mit den Möglichkeiten und Wahrscheinlichkeiten von extraterrestrischem Leben und einer eventuellen Begegnung oder Konfrontation mit diesem mysteriösem Phänomen etwas näher zu befassen.

Vorwort zur 2. überarbeiteten und erweiterten Auflage
Einige Informationen, die mich jetzt nach Fertigstellung dieses Buches erreichten, ließen es angebracht sein, dem Buch eine größere Erweiterung zu «spendieren».

Per Zufall kam ich wieder in Kontakt mit den Büchern von Erich von Däniken, den ich völlig vergessen hatte. Und ein längerer Artikel in der FAZ gab ebenfalls einige neue Impulse.

Bad Soden, im Frühjahr 2020

8

„Ich erinnere mich noch, wie es mich auf dem Heimweg mit der Apollo 11 plötzlich traf, dass diese hübsche blaue Erbse da die Erde ist. Ich hob meinen Daumen, schloß ein Auge und schon löschte dieser Daumen die Erde aus. Ich kam mir nicht wie ein Riese vor – ich fühlte mich sehr sehr klein".

Der amerikanische Astronaut Neil Armstrong bei seiner Rückkehr vom Mond

Der Mensch und seine Erde

Wir alle sind Passagiere – Passagiere auf einem winzigen Himmelskörper namens Erde, die mit uns in atemberaubender Geschwindigkeit um die Sonne kreist und mit ihr zusammen in einem Seitenarm unserer Milchstraße um deren Zentrum.

Niemand spürt diese unglaubliche Hyperschall-Geschwindigkeit von ca 30 km in der Sekunde, es gibt keinen Überschallknall, die Erde lässt sich die Bio- und Atmosphäre durch ihren Schnellflug nicht abreißen – denn die Erde rast mit uns durch den luftleeren Raum.

Niemand kann bislang eine schlüssige Antwort darauf geben, wieso es die Erde auf dieser Nahezu-Kreisbahn hält, seit Jahrmilliarden, und sie nicht geradewegs der Anziehungskraft der Sonne unterliegt, geradewegs auf sie zusteuert und alles Leben erlöschen lässt. Wie kommt es, dass die Erde die Geschwindigkeit einhält, die sie nicht in die Weiten des Weltraums für immer abdriften läßt, sie aber auch nicht der Sonne zu nahe kommt?

Schaut man abends oder in der Nacht zum Himmel, so zeigt sich der Mond in seiner Bahn um die Erde – auch er macht keine Anstalten, sich der Erde zu nähern, was durch ein Inferno sondersgleichen das Ende jeglicher Bewohnbarkeit unseres blauen Planeten nach sich ziehen würde.

Der Mensch im Allgemeinen lebt und fährt auf dieser Erde, ohne auch nur einen Gedanken daran zu verschwenden, welches Wunder ihm die Möglichkeit gegeben hat, seinen zeitlich beschränkten Lebensweg mit allen Facetten auf diesem Gefährt Erde zu gehen.

Die meisten Menschen blenden diese Gedanken einfach aus und überlassen die weitergehenden Fragen den Astrophysikern, Kosmologen und besser noch den Philosophen.

Wenn man sich einmal vor Augen hält, in welch peripherer Lage unser Sonnensystem und unsere Erde sich am Rande unserer Galaxis, unserer Großheimat im Universum, liegen, dann wird man nachdenklich und fühlt sich ganz klein und einsam, wenn man dazu überhaupt noch emotional in der Lage ist.

Was die planetare Einsamkeit betrifft, so hat der Mensch eine prächtige Art des Verdrängens entwickelt – als Schutz, denn würde das Gefühl dieser grenzenlosen Einsamkeit ständig in seinem Bewusstsein kursieren, so wäre er alsbald reif für die Psychiatrie.

Unsere Milchstraße hat einen Durchmesser von rund hunderttausend Lichtjahren und irgendwo in einem – aus astronomischer Sicht – unbedeutenden Seitenarm bewegt sich unser Zentralgestirn mit seinen Begleitern von Merkur, Venus, Erde, Mars, Jupiter, Saturn, Uranus, Neptun und gnädigerweise nehmen wir noch den Pluto hinzu, dem erst vor kurzem die Raumsonde „New Horizons" eine Stipvisite abstattete.

Der Mensch müsste also von Dankbarkeit erfüllt sein, in einem kalten und eventuell lebensfremden Weltall eine Heimat zum Leben und Überleben gefunden zu haben.

Aber Dankbarkeit ist den meisten vor lauter Egoismen ein Fremdwort. Im Gegenteil, der Mensch traktiert dieses fragile Ökosystem, diese hauchdünne Biosphäre, besonders seit dem letzten Jahrhundert, mit allen möglichen Belastungen, von denen niemand zur Zeit einen leisen Schimmer hat, wohin es führen wird und wie es enden könnte.

Mahner und Warner werden zumeist belächelt und nicht ernst genommen. Die zur Zeit heftigen Klima-Aktiv-Proteste sind ein deutliches Zeichen, dass manche Menschen aufwachen. Aber, das muss einmal deutlich gesagt werden, mancheiner weiß eigentlich gar nicht genau, warum er eigentlich protestiert. Man geht halt mit.

Der Mensch kann nicht annehmen, auf anderen Planeten unseres Sonnensystems Asyl zu beantragen. Darüber später mehr.

Nun, das Thema Erderwärmung ist ein wichtiges Thema, ist aber nicht die Intention dieses Buches.

Es steht vielmehr die Frage im Raum, ob es Leben gleich welcher Art in anderen Bereichen unserer Galaxis oder noch umfassender gar im Universum gibt oder geben kann.

Gibt es also die ominösen oder fiktiven Aliens, die in zum Teil primitiven Filmen und Büchern in zumeist kriegerischer und zerstörerischer Manier über unsere Erde herfallen, wobei es auch da einige positive Ausnahmen geben könnte, aber das scheint für Leser und Dramatik-Cineasten nicht interessant und dramatisch genug zu sein. Ungeheuer im Außen kommen bei einfachen Gemütern immer gut an.

Die Aktion SETI und ähnliche Such-Aktionen

Die Astro-Forscher wollten sich oder konnten sich einfach nicht damit abfinden, allein in einem so ungeheuer großen Universum zu existieren. Es müssten doch irgendwo Lebenszeichen einer anderen Zivilisation aufzuspüren sein. Man müsste nur gründlich hinaus in die Weiten des Alls hinaushorchen – irgendein Signal müsste doch aufzufangen sein und als Beweis oder zumindest als Hinweis auf extraterrestrische Wesen zu interpretieren sein.

Also gründeten sie in Kalifornien im Silicon Valley eine Gemeinschaft oder Suchgruppe mit dem Namen SETI – auf deutsch übersetzt: „Suche nach extraterrestrischen Intelligenzen".

Sie lauschten und horchten und suchten und warteten – fünfzig Jahre lang.

Dann gaben sie resigniert auf.

Kein Hinweis, kein Beweis, nicht das geringste Zeichen für andere Lebensformen.

Entweder gibt es hier im einigermaßen erfassbaren oder überschaubaren Bereich keine Intelligenzen, oder sie waren noch nicht so weit, um interstellare Kontakte zu knüpfen oder sie haben oder hatten überhaupt kein Interesse an interstellarer Kommunikation, schon gar nicht mit uns!

Bislang hatten die Forscher nach akustischen Signalen, d.h. auf Funkwellen aufmoderierte Töne gesucht, die von ihrer Sequenz oder Reihenfolge auf eine intelligente Lebensform schließen ließen.

Dann suchten die Forscher Nathaniel Tellis und Geoffrey Marcy im relativ nahen Umkreis weiter unter anderen Aspekten. Man prüfte nach Strahlenemissionen. Sie sahen sich in den Jahren zwischen 2004 und 2016 die Daten von 5600 Sternen der Milchstraße an. Zum Teil sahen sie sich Licht an, dass bis vor 300 Jahren von den jeweiligen Sternen bzw. Sternsystemen ausgesandt worden war.

Mit Hilfe eines Computer-Algorhythmus durchsuchten die beiden Astronomen die aufgezeichneten Lichtdaten daraufhin, ob künstliche Lasersignale darunter waren. Zu ihrer Enttäuschung fanden sie kein einziges in ihrem Sinn verwertbares Signal. Von den insgesamt 5600 Sternsystemen ist in den letzten Jahrhunderten kein Lasersignal ausgesandt worden. Kurzum: Es fand sich keine einzige Nachricht von Außerirdischen darunter.

Allein in unserer Milchstraße, unser etwas umfassenderen Heimat im All, gibt es geschätzt 100 Milliarden Sterne oder noch mehr, je nach Schätzung, und jeder dieser Sterne könnte einen Planeten oder ein Planetensystem um sich geschart haben, der oder das zur Zeit potenzielle Lebewesen beherbergen oder früher einmal Aliens gehabt haben könnte. Insofern ist die beschriebene Suche zwar anerkennenswert aber wenig repräsentativ.

Probleme der Suche nach Leben im Universum

Die eben erwähnten Suchen sind im Grunde – auch wenn es etwas arrogant und abwertend klingt – aussichtslos, wenn nicht gar sinnlos, wenn man einmal die Voraussetzungen gründlich unter die Lupe nimmt.

Und zwar aus folgenden Gründen: Eines der Such-Organe ist das Keck-Observatorium in 4200 Meter Höhe auf dem Mauna Kea auf Hawaii. Sollte also irgendeine Zivilisation die Absicht gehabt haben, in Lichtsignal-Kontakt mit der Erde zu treten, müsste sie die Erde direkt anpeilen und dann dazu noch exakt das Observatorium. Klingt schon mal unwahrscheinlich!

Das zweite Problem ist die fehlende Gleichzeitigkeit, die sich aus der Entfernung und der Lichtgeschwindigkeit ergibt.

Zum einen hätten die extraterrestrischen Intelligenzen ihre Informationen auf einen hypothetischern Erd-„Standpunkt" richten müssen, auf dem sich die Erde im Hier und Heute befände, also zur Position der theoretischen „Empfängnis". Nicht auf den Ort der Erde zum Zeitpunkt der Absendung des Signals. Sie hätten also die Wege der Erde in der Zwischenzeit, also in unserem Sonnensystem, in der Bewegung des Seitenarms der Milchstraße, mit ihren Computern, vorausgesetzt sie hätten welche, berechnen müssen. Läge also dieser hypothetische Planet ca 100 Lichtjahre entfernt, so hätte das Signal vor 100 Jahren losgeschickt werden müssen, exakt auf den jetzigen Ort der Erde auf ihrer Kreisbahn um die Sonne und dazu noch auf das Observatorium. Klingt ebenso unwahrscheinlich! Unwahrscheinlicher geht es einfach nicht!

Zum anderen muß man die Zeit berücksichtigen. Nehmen wir noch einmal diesen besagten besiedelten Planeten in hundert Lichtjahren Entfernung an. Dann wäre die hypothetische Information, bis sie – theoretisch - auf der Erde ankäme, hundert Jahre alt. In dieser Zwischenzeit könnte viel passieren, man denke nur an die rasante technologische Entwicklung, die unsere Erde in den letzten hundert

Jahren gemacht hat, wenn man es mit den Jahrhunderten davor vergleicht.

Eine hypothetische Antwort, wenn es sie denn gäbe, würde noch einmal hundert Jahre dauern – und wer kommuniziert schon gern mit solch „langatmigen" Zeit-Schwierigkeiten.

Von Wesenheiten außerhalb unserer Milchstraße soll gar nicht erst die Rede sein, denn wenn man sich vorstellt, dass z.B. unsere Nachbargalaxis, der Andromeda-Nebel, sich in einer Entfernung von 2,2 Millionen Lichtjahren befindet. Das bedeutet, ein Signal bräuchte 2,2 Millionen Jahre, um zu uns zu gelangen – ein wohl aussichtsloses Unterfangen.

Stellt man sich weiter vor, dass sich diese Galaxis in einer Explosion auflösen würde (natürlich nur ein Gedankenspiel), so erführen unsere Nachkommen, wenn es sie dann noch gibt, erst in 2,2 Millionen Jahren davon. Das Lichtsignal der Andromeda, das wir hier und heute sehen können, hat also schon ein Alter von 2,2 Millionen Jahren und zeigt uns eine völlig „veraltete" Andromeda.

Wir kommen mit diesen Betrachtungen aber in Dimensionen hinein, die unser menschliches Denk- und Vorstellungsvermögen etwas strapazieren.

Interstellare Intelligenzen

Eines muß man möglichen „Gesprächspartnern" unterstellen – sie müssen immense technische oder mathematische Kenntnisse haben, mit denen wir vielleicht in keinster Weise konkurrieren können.

Ein weiteres Problem ist die Zielgerichtetheit. Eine fremde Intelligenz müsste den ausdrücklichen Wunsch haben, mit uns und unserer Erde zu kommunizieren. Das bedeutet, sie müsste ihre Laser- oder sonstigen Strahlen explizit auf die Erde richten, über diese Probleme wurde aber eben berichtet. Ein einfach ins Universum gerichteter, ungezielter Rundum-Strahl dürfte diese Anforderungen nicht erfüllen.

Geht man von der Prämisse aus, dass diese fernen Lebewesen uns um Lichtjahre voraus sind, so ergibt sich die weitere Frage: Arbeiten sie auch oder noch mit einer für sie eventuell antiquierten Technik wie z.B. mit einem Laserstrahl. Dieses Medium durchquert zwar den Raum verlustfrei, wenn nicht irgendwelche Materie die Übertragung stört. Dieser Laserstrahl müsste jedoch genau zwischen Sender und Empfänger ausgerichtet sein, womit wir wieder auf die schon angesprochenen Probleme zurückkommen.

Interplanetare „Neugier"

Dem Menschen wurde mit dem Sündenfall des Alten Testaments das Thema Neugier in die Wiege gelegt, der Hauptgrund also, der uns überhaupt solche Fragen stellen lässt, wie z.B. die nach Außerirdischen.

Auch wenn uns – religiös-symbolisch gesehen – die Neugier aus dem Paradies hinaus expediert hat, ist sie doch eine der stärksten Triebfedern der menschlichen Entwicklung.

Ich möchte rein subjektiv das Wort „Neugier" von dem Wort „Neugierde" abgrenzen, obwohl sie im Duden einträchtig nebeneinander stehen. Letzteres erscheint mir ein wenig profaner, so als würde – um ein banales Beispiel anzuführen - man den Nachbarn ausspionieren. Neugier klingt irgendwie großzügiger und umfassender, man möchte in bislang Unbekanntes oder Unerforschtes Klarheit und Licht hineinbringen.

Wenn also der Mensch nach Leben außerhalb der Erde sucht, dann erscheint mir der Begriff „Neugier" angebrachter.

Gäbe es nun tatsächlich diese „Aliens", die sich jedoch bei uns noch nicht gezeigt haben oder auch nicht zeigen wollen oder wollten, dann müssen wir folgendes in Betracht ziehen:

1. Sie haben überhaupt kein Interesse an jeglicher Kommunikation mit Wesen außerhalb ihrer Lebenssphäre. Sie sind zufrieden mit ihrem wie immer auch gestalteten Leben, entbehren jedweder Neugier und ruhen in sich selbst, ähnlich vielleicht den Asketen im Himalaya. Es handelt sich um den Typus introvertierte Planetenbewohner.

2. Sie besitzen keinerlei Technologie oder wollen auch keine, die ihnen eine von uns und mit uns gewünschte Kommunikation ermöglicht.

3. Unsere Zivilisation erscheint ihnen derart rückständig und unterentwickelt, dass ein Kontakt völlig uninteressant und nur reine Zeitverschwendung wäre.

4. Das Leben hat sich erst spät herausgebildet und sie leben noch in einer zivilisatorischen Frühform. Der Himmel, falls er sichtbar und nicht durch Nebel und dichte Wolken verdeckt ist, ist bei ihnen eventuell noch von Göttern oder ähnlichen Wesen bewohnt.

Resignation?

Die meisten Untersuchungen mit Riesenteleskopen und Radiosignalen beruhten auf dem Erkennen und Suchen von Signalen, die eine gewisse Taktung oder bestimmte Sequenzen aufwiesen, denen man eine logische Grundlage zuordnen könnte.

Die Intention dahinter bliebe natürlich völlig unklar: Will diese Zivilisation nur von ihrem Dasein künden? Ist es ein Notsignal vor einer Katastrophe? Oder besteht ein Wunsch nach Austausch?

Im Grunde sind diese Fragen rein theoretischer Natur, denn, wie eben ausgeführt, mit den jetzt verfügbaren Instrumenten wird es kaum zu einem Kontakt kommen. Zudem ist der Weltraum derart gefüllt mit starken und weniger starken elektromagnetischen Wellen, dass es ein wahres Geduldspiel wäre, sie auf interpretierbare Lebenssignale zu überprüfen.

Ein weiteres Argument für den kommunikativen Misserfolg wäre, dass diese Zivilisationen völlig andere Formen des Miteinanders gefunden oder entwickelt hätten. Mit der Suche nach elektromagnetischen Signalen übertragen wir wieder nur antropomorphe Gedankenmuster auf eventuell völlig anders entwickelte Wesen, die nie eine Erfahrung mit dem Elektro-Magnetismus, Funkwellen und Laser-Strahlen gemacht haben oder nicht machen wollten.

Müssen wir in Furcht vor Aliens leben?

Man muß es klar und deutlich sagen: Eine Furcht vor den von einer Roman- und Film-Industrie konstruierten Wesen, denen man den Namen Aliens gegeben hat, ist absolut unbegründet. Eine Ausnahme dürfte der fiktive E.T. sein, dessen rührende Episode im gleichnamigen Film vielen Menschen nahe ging.

Denn wenn es wirklich eine Invasion oder einen direkten Kontakt geben könnte, so sprechen die immensen, fast unüberbrückbaren Entfernungen im Weltall dagegen.

Eine solche Invasion würde eine jahrelange Reise voraussetzen, wobei das Wort „jahrelang" bei diesen immensen Entfernungen eine grandiose Untertreibung bedeutet. Es ist kaum anzunehmen, dass es in diesem Universum mit seinem aufgepfropften Anfang-Ende-Zyklus, also einer beschränkten Lebenszeit, Wesen mit Intelligenz geben könnte, deren für diese Reise notwendige Lebensphase in Jahrtausenden zu messen zu wäre.

Das zweite Problem ist die Geschwindigkeit. In manchen Science-Fiction-Romanen rasen die Astronauten mit Lichtgeschwindigkeit oder Nahezu-Lichtgeschwindigkeit durch das All.

Wir werden uns im Lauf dieses Buches dieses Problem etwas ausführlicher ansehen, um aufzuzeigen, dass das nicht möglich ist.

Mit den uns jetzt zur Verfügung stehenden Raketen-Triebwerken ist an interstellare Reisen überhaupt nicht zu denken. Schon bei interplanetaren Reisen in unserem Sonnensystem ist für Lebewesen sehr schnell das Ende der Fahnenstange erreicht. Auch die immer wieder aufgeführten Ionen-Triebwerke, die erst einmal eine akzeptable Grundgeschwindigkeit erreichen müssen, sind absolut ungeeignet.

Andere wiederum phantasieren von sogenannten Wurmlöchern, mit denen und in denen es gelingt, in Kürze unvorstellbar ferne Bereiche des Weltalls zu erreichen. Andere Milchstraßen zu erreichen und die riesigen intergalaktischen Räume spielend zu durchqueren und zu überwinden – kein Problem, nur das richtige Wurmloch muß noch aufgetan werden und schon ist man blitzschnell in den entlegensten Winkeln dieses Universums.

Die Theorie dahinter: Man sagt, das Universum mit seiner Raumteitstruktur sei gerümmt, in sich und wie auch immer.

Gelänge es, herauszufinden, daß sich bestimmte Bereiche dieser Krümmung irgenwie überlagern oder aneinanderstoßen, dann müßte es doch möglich sein, von einem Bereich des Universums in einen anderen Bereich gleichermaßen hinüberzuschlüpfen, auch wenn sich diese Möglichkeit nur für einen kurzen Moment ergibt.

Das sind rein theoretisch-fiktive Vorstellungen. Ob sich die Realität immer nach den Vorstellungen der Menschen formt oder geformt hat, sei dahingestellt.

Vielleicht wird dafür noch ein Intergalaxis-Navi erfunden und eine Wurmloch-App für zukünftige Smart-Phones oder Tablets entwickelt und lieferbar sein.

Leben in unserem Sonnensystem

Warum immer gleich in die Ferne schweifen, gehen wir doch einmal ganz bescheiden in unserer näheren Umgebung auf die Suche. Wie sieht es auf den Planeten und seinen Monden in unserem Sonnensystem aus? Haben die diversen Sonden, angefangen mit den Mariner-Sonden und den beiden spektakulären Voyager-Sonden irgendeinen Hinweis auf die geringste Spur von Leben erbracht? Keine Beweise im wissenschaftlichen Sinn sind bislang vorhanden, es gibt nur Spekulationen.

Zur Frage nach Leben in unserer fast unmittelbaren Nachbarschaft: Nachdem Kopernikus die Erde als Mittelpunkt der Welt entzaubert hatte, war man der Ansicht, wenn denn die Erde nur einer der Planeten sei, warum könnten dann die anderen Planeten nicht auch erdähnlich sein. Mit der Einführung des Fernrohrs als Hilfsmittel der Astronomie durch Galileo Galilei (1564 – 1642) im 17. Jahrhundert begann die Erforschung der anderen Planeten. Johannes Kepler (1571 – 1630) glaubte an erdähnliche Bedingungen auf den anderen Planeten und sah große Wassermengen auf dem Mond und an eine Atmosphäre. Der niederländische Naturforscher Christian Huygens (1629 – 1695) behauptete, Leben müsse überall im Universum von gleicher Art wie auf der Erde sein. Ja, er ging sogar so weit, den menschenähnlichen Bewohnern anderer Planeten eine ähnliche Kultur hinsichtlich der Mathematik, der Astronomie und sogar der Musik zuzuerkennen.

Nach diesen historischen Betrachtungen schauen wir uns nunmehr im Zeitalter der planetaren Sonden die Planeten und ihre Monde der Reihe nach an.

Der erste Planet Merkur scheidet wegen seiner brüllenden Hitze und seiner Sonnennähe aus. Zudem hat er keine Atmosphäre. Seine Schnelligkeit, mit der er um die Sonde kreist, hat ihm den Namen des Götterboten Hermes, auf römisch Merkur, eingetragen.

Die Venus als Zwillingsschwester der Erde stand dereinst im Verdacht, dort würden sich hinter den ewigen Wolkenschleiern ätherische Lebewesen, kurzum Töchter der Aphrodite, tänzerisch und lustvoll bewegen. Aber als die ersten Sonden in die Atmosphäre der Venus eindrangen, zerstoben diese Illusionen sehr abrupt. Zu heiß und zu hoher Druck. Kein Platz für Lebewesen! Die Sonden gaben sehr schnell nach einigen Funksignalen den Geist auf. Eine Konzession hat man aber an den Namen der Venus / Aphrodite gemacht: Die von Radarsonden gefundenen Berge und Höhenzüge tragen weibliche Namen.

Der Mars ist das Hauptziel der jetzigen Sonden. Der italienische Astronom Giovanni Schiaparelli beobachtete im Jahr 1877 während der größten Näherung zwischen Erde und Mars ein dichtes Netzwerk von linearen Strukturen, die er auf italienisch „canali" nannte. Im Deutschen wurde es fälschlich als „Kanäle" übersetzt. Eine lebhafte irdische Phantasie bevölkerte nunmehr diese Kanäle mit antropomorphen Lebewesen, die diese Kanäle mit Schiffen befuhren. Eine Art Hysterie löste 1938 in den USA in der Gegend von N.Y. und New Jersey die fiktive Hörspiel-Reportage von Orson Welles aus, die sich am Roman von H.G.Wells „Der Krieg der Welten" orientierte. Es ging um eine hypothetische Invasion von Mars-Monstern, die derart dramatisch gesendet wurde, dass viele Amerikaner es für echt hielten.

Aber unabhängig davon glaubten viele an einen belebten Mars. Die Idee von den möglichen Mars-Menschen oder despektierlich, den Mars-Männchen, war geboren. Die Mariner-Sonden der USA ließen aber alle derartigen Träume zerplatzen und verwiesen die italienischen „canali" ins Reich der Phantasie.

Aber die Raumsonde Viking 1, die den Mars umkreiste, brachte einen neuen Farbklecks in die Diskussion um Intelligenzen auf dem Mars.

Im Jahr 1976 veröffentliche die NASA ein Bild von der Marsoberfläche, auf dem sich ein steinernes Gesicht von riesigen Ausmaßen zeigte. Zuerst hielt man es ganz unspektakulär für eine ausgesprochen banale Felsformation.

Drei Jahre später griffen zwei Spezialisten für Bildverarbeitung diese Bilder wieder auf. Ohne sich mit der Oberflächenstruktur des Mars befasst zu haben, waren sie der Ansicht, dieses Gesicht sei nicht auf natürlichem Weg entstanden. Es könnte sich, ähnlich wie die ägyptischen Pyramiden, um die Hinterlassenschaft einer hochentwickelten, aber inzwischen untergegangenen Zivilisation handeln.

Die daraufhin entstandenen Diskussionen fanden aber ein jähes Ende, als die Sonde Mars Global Surveyor gestochen scharfe Bilder aus dieser Region lieferte und sich diese vermeintlichen Relikte einer Hochzivilisation als profane große Felsbrocken entpuppten.

Bislang haben die Mars-Roboter sonst keinen Hinweis auf früheres oder jetziges Leben gefunden. Es dürfte somit kaum zu Interaktionen zwischen marsischen „Ureinwohnern" und den Mars-Touristen kommen.

Es gab zwar Spekulationen, die in den Sanddünen sichtbaren dunklen Rillen und Linien seien ein Hinweis auf frühere Wasserläufe. Enttäuschend musste man zur Kenntnis nehmen, dass dies ein Irrtum sei. Es handelt sich um fließenden Sand, der auf dem Mars in Hülle und Fülle vorhanden ist.

Aber der Mensch in seinem Tatendrang und seiner Neugier hat es sich zum Ziel gesetzt, diesen Planeten zu bevölkern. Vielleicht ist das Wort bevölkern etwas zu weit gegriffen, passender und realitätsnäher wären einige Dependancen der Erde. Manch einer hofft sogar auf eine Ersatz-Arche-Noah, falls unser Planet einmal – wahrscheinlich menschenbedingt - den Geist aufgeben sollte. Eines muß jedoch von vornherein akzeptiert werden: Menschen auf dem Mars werden vorläufig und wohl auf längere Zeit auf die Erde angewiesen sein, denn Sauerstoff, Werkstoffe und Nahrung müssten ständig importiert werden, so dass eine Raumflotte ständig unterwegs sein müsste, um die „Mars-Bewohner" am Leben zu erhalten. Mal eben im Internet eine Bestellung aufgeben – das ist pure Phantasie. Die Lieferzeiten sind extrem lang. Ob es daher jemals zu einer Autarkie des Planeten kommen könnte, ist in höchstem Maße ungewiß.

Wir werden sehen, ob die NASA, Elon Musk oder Jeff Bezos ihre hochfliegenden Pläne hinsichtlich der Errichtung von Stationen auf dem Mond und später auf dem Mars realisieren können. Aber der Mensch ist erfinderisch.

Präsident Donald Trump hat jetzt Ende Dezember 2017 der bemannten Raumfahrt zur Freude der Astronauten wieder Impulse gegeben und Mond sowie Mars als Ziele gesetzt.

Zwei kleine unscheinbare Monde umkreisen den Mars. In Anlehnung an Homers Kriegsgott Ares, den die Römer zu Mars umfunktionierten, erhielten die Monde die Namen der Begleiter des Ares: Phobos und Deimos, auf altgriechisch „Furcht" und „Schrecken". Für eine Bewohnbarkeit scheiden sie als völlig ungeeignet aus.

Die Asteroiden zwischen Mars und Jupiter sind zu klein, um eine Atmosphäre zu halten. Die Unruhe-Geister des Sonnensystems, die Kometen, dürften ebenfalls in die Rubrik „unbewohnbar" fallen.

Die Groß-Planeten Jupiter, Saturn, Uranus und Neptun sind Gas-Planeten und wohl kaum für irgendwelche Lebensformen geeignet. Lebewesen mit unserer Statur würden zudem durch die gewaltigen Gravitationskräfte regelrecht zerdrückt werden.

Der Jupiter-Mond Europa, nach der von Zeus entführten phönizischen Königstochter benannt, ist der zweitinnerste und mit einem Durchmesser von 3121 km der kleinste der vier großen Monde des

Planeten Jupiter und der sechstgrößte im Sonnensystem. Europa ist

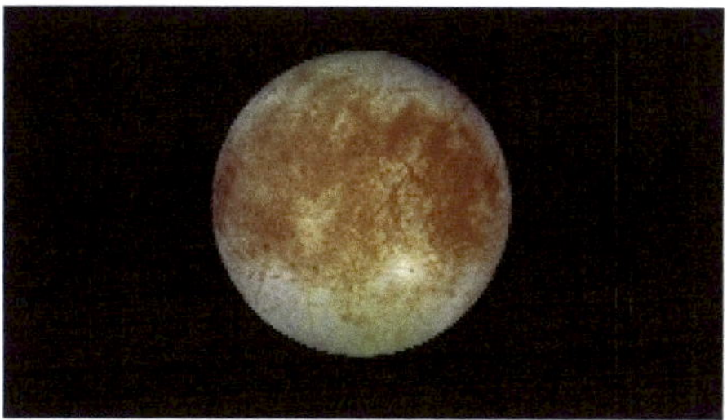

Europa - einer
der interessanten
Monde des
Jupiter

ein Eismond. Obwohl die Temperatur auf der Oberfläche von Europa maximal -150 °C erreicht, lassen Messungen des äußeren Gravitationsfeldes und der Nachweis eines induzierten Magnetfeldes in der Umgebung Europas mit Hilfe der Galileo-Sonde darauf schließen, dass sich unter der mehrere Kilometer mächtigen Wassereishülle ein etwa 100 km tiefer Ozean aus flüssigem Wasser befinden könnte. Nun möchte man gern untersuchen, ob dort in ewiger Tiefe und Dunkelheit eine Form von Leben existiert. Aber ist das nicht nur eine Art von Reklame, um Forschungsgelder für eine Sondenmission locker zu machen?

Titan - der größte
Mond des Planeten
Saturn.
Aufnahme der
Sonde „Cassini"

Titan, der größte Saturnmond, hat eine Atmosphäre und auf dem Boden Meere aus Methan. Im Juli 2004 erreichte die Raumsonde

„Cassini" den Saturn-Mond Titan. Die Sonde machte aus 1200 Kilometer Entfernung Radaraufnahmen der Oberfläche, auf der sich komplexe Strukturen zeigten. Nach einigen Vorbeiflügen wurde von der Raumsonde der Lander „Huygens" abgekoppelt, der am 14. Januar 2005 auf der Titanoberfläche aufsetzte. Nach dem Aufsetzen konnte „Huygens" noch siebzig Minuten lang Daten senden. Es zeigte sich eine grau-orangefarbene Landschaft mit zahlreichen größeren Strukturen unter einem gelb-orange- farbenen Himmel. Der Druck der an Stickstoff reichen Atmosphäre ist ca 50 Prozent höher als auf der Erde. Auf der Oberfläche zeigte sich Methanhydrat und Meere aus flüssigem Methan („Erdgas"). Unter der Oberfläche könnte sich möglicherweise, ähnlich wie auf den Monden Enceladus und dem Jupitermond Europa flüssiges Wasser befinden. Die Umweltbedingungen auf Titan kann man getrost als exotisch bezeichnen, aber trotzdem erscheint dieser Mond als einziger Himmelskörper unseres Systems der Erde etwas ähnlich.

Der mit ca 500 Kilometern Durchmesser relativ kleine Saturnmond Enceladus zeigt einige Besonderheiten.

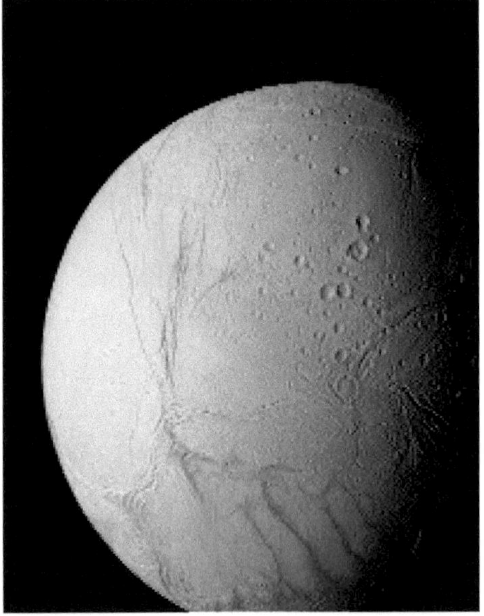

Enceladus
Einer der Monde
des Saturn

Die Raumsonde „Cassini" flog im März 2005 mehrfach an diesem Saturnmond vorbei. Dabei entdeckte sie ein Magnetfeld sowie eine dünne Wasserdampf-Atmosphäre. Die Oberfläche ist mit einer Schicht aus reinem Wassereis überzogen, das ca 99 Prozent des Sonnenlichts reflektiert. Besonders eindrucksvoll ist der sogenannte Kryovulkanismus des Eismondes. In der südlichen Hemisphäre spritzen sehr hohe Fontänen aus Wassereispartikeln bis ca 200 Kilometer in die Höhe. Ohne den Wassernachschub aus dem Inneren könnte der Mond seine Atmosphäre nicht halten, dazu ist seine Schwerkraft zu klein. Wenn es also unter der Oberfläche Wasser und Vulkanismus gibt, was auf ein heisses Innenleben schließen lässt, so könnte dieser Mond neben dem Jupitermond Europa einer der wenigen Orte in unserem Sonnensystem sein, auf dem Leben oder lebensähnliche Strukturen entstanden sein könnten. Denn auch auf der Erde gibt es in der Tiefsee Lebensformen, die offenbar ohne Sonnenlicht vegetieren. Ein weiterer Aspekt käme noch hinzu: Da der Mond relativ klein ist, hätte des hypothetische Meer Kontakt zum darunter liegenden Gestein, das eine Nährstoffbasis (Mineralien, Schwefel, Kieselsäure etc) für Lebewesen sein könnte.

Auch der letzte der Planeten, Pluto, zum Leidwesen der Astrologen jetzt nur noch als Zwergplanet klassifiziert, bietet zwar mit seiner großen herzförmigen Ebene ein attraktives Bild, aber Leben dürfte sich ebenso wie auf seinem Mond Charon kaum entwickelt haben. Die NASA-Mission New Horizons zeigte bei dem Vorbeiflug am Pluto zarte Dunstschichten, die bis 150 km in die Höhe reichen, ihre Entstehung ist bislang noch unbekannt.

Die jenseits des Pluto liegenden Zwergplaneten im sog. Kuiper-Gürtel sowie die zwischen Mars und Jupiter liegenden Asteroiden dürften für Lebensbedingungen in unserem Sinn absolut ungeeignet sein.

Leben auf anderen Welten

Geht man von der Prämisse aus, es könnte im Universum auch woanders Leben oder sogar intelligentes Leben geben, so sind dafür Planeten notwendig, oder um es noch weiter zu präzisieren, Planeten mit einer für das Leben gleich welcher Art notwendigen Bio-Sphäre.

Lange Zeit war es völlig unklar, ob andere Sonnen überhaupt Planeten-Begleiter haben. Es gab einfach mit den bisherigen Teleskopen keine Möglichkeiten der Entdeckung. Erst im Jahr 1995 wurde der erste Planet außerhalb unseres Sonnensystems mit hochempfindlichen Methoden entdeckt, und zwar in 50 Lichtjahren Entfernung im Sternbild Pegasus: Den ca jupitergroßen 51 Pegasi b.

Der Planet wurde dadurch gefunden, da er seinen Zentralstern 51 Pegasi durch die wechselseitige Anziehungskraft zum Taumeln bringt. Genauer formuliert: Beide Himmelskörper kreisen um einen gemeinsamen Massenschwerpunkt, dadurch führt der Stern eine sehr geringe periodische Bewegung durch, die man in seinem Spektrum nachweisen kann. Auf diese Weisen stießen die Forscher auf Planeten, die größer sind als der Jupiter und die ihren Zentralstern in wenigen Tagen umkreisen in einem Abstand, der manchmal nur das Zehntel der Entfernung Erde – Sonne beträgt.

Ein weiterer Exoplanet ist „nur" 4,2 Lichtjahre entfernt, also in kosmischer Nachbarschaft: Am sonnennächsten Stern Proxima centauri. Dort hat man in der habitablen Zone, also der Zone, in der temperaturmäßig Leben möglich wäre, einen erdähnlichen Planeten entdeckt.

Ja, es ist sogar schon ein Sonnensystem mit sieben Planeten entdeckt worden, womöglich sind es sogar noch mehr. Es handelt sich um den Stern Trappist 1 im Sternbild Wassermann, sieben Lichtjahre entfernt. Es sind Gesteinsplaneten von ähnlicher Größe wie die Erde. Drei davon befinden sich in der sog. habitablen Zone, also in einer bewohnbaren Zone. Aber ob sie Wasser besitzen, eine Atmosphäre aufweisen und gegebenenfalls bewohnbar sind, das lässt sich mit unseren jetzigen Methoden nicht klären.

Inzwischen ist es fast zu einer Inflation von Planetenfunden gekommen, man spricht von über 4000. Eine gewisse Größe der Planeten ist natürlich Voraussetzung. Die Suche nach einer zweiten Erde ist demnach ungebrochen.

Anzeichen für diese Findungen sind geringe Helligkeitsschwankungen durch das Vorbeiziehen des Planeten, der allerdings eine respektable Größe haben muß, um vor dem hellen Zentralgestirn sichtbar zu sein oder durch Veränderungen der gegenseitigen Gravitation auf sich aufmerksam zu machen. Die Astronomen möchten jedoch noch mehr als nur die Entdeckung eines entfernten Wandelsterns – ihnen liegt sehr viel an der Erforschung der jeweiligen Atmosphäre – bei den riesigen Distanzen keine leichte Aufgabe.

Ein Beitrag in der Beilage Wissenschaft und Forschung der Frankfurter Allgemeinen Zeitung vom 29.11.2017 beschriftete den Zustand der Forschung nach Lebensumständen außerhalb unserer Erde mit der Überschrift „Exopessimismus". Man fand zwar – wie eben erwähnt erfreut-optimistisch - zu Beginn des Jahres 2017 den Zwergstern Trappist mit seinen sieben Planeten. Auch in unserer „Nachbarschaft" bei Proxima Centauri gibt es Planeten und noch bei einigen anderen. Viele der gefundenen Planeten sind sog. Gasriesen ähnlich unseren Jupiter und Saturn und damit lebensfeindlich. Auf einer jüngst stattgefundenen Exoplanetenkonferenz kreiste die Vermutung, dass wir vor dem Jahr 2050 wohl kaum einen Hinweis auf Leben anderswo erhalten werden. Aber wahrscheinlich wird es wohl – wenn überhaupt - ein wenig länger dauern.

Die bekannte Astronomin Lisa Kaltenegger meint ganz euphorisch „Wir sind die erste Generation, die die große Frage nach anderem Leben im Universum tatsächlich beantworten kann."

Das klingt so nach „Mut machen". Man vergesse auch eines nicht: Wer staatliche Fördergelder erhalten will - um es noch einmal zu formulieren - muß auch Erfolge vorweisen, sonst versiegt die spendable Quelle.

Ich kann diesen Zweck-Optimismus von Lisa Kaltenegger leider nicht teilen, sondern tendiere in dieser Beziehung eher zum Pessimismus.

Vielfach hört man von mentaler Kommunikation. Auch das dürfte eine Illusion sein. Denn wie sollte man mit Wesen einer völlig anderen physischen und geistigen Struktur kommunizieren.

Es wäre doch absolut sinnlos, seine mentalen Absichten im Universum herumstreunen uz lassen und hoffen, dass da jemand darauf reagiert. Auch wenn für Gedanken die Raum-Zeit-Beschränkung nicht gilt, denn Gedanken sind schneller als das Licht.

So hocken halt die Astronomen hinter ihren Teleskopen und harren dem Heureka-Erlebnis oder auf das extrem starke „James-Webb-Teleskop", das in zwei Jahren im Orbit zur Verfügung stehen soll.

Geht man von rund 100 - 300 Milliarden Sternen in unserer Milchstraße aus – über andere Galaxien wollen wir gar nicht erst spekulieren – so könnte es doch Milliarden erdähnliche Planeten geben. Und wenn es erdähnliche Planeten gibt - dann könnte doch auch so ein Fünkchen Hoffnung bestehen, dass sich irgendwo Leben - es muß ja nicht so sein wie auf der Erde - entwickelt haben kann.

Die Geschichte der Suche nach Leben außerhalb

Wir sind nicht die ersten, die Vermutungen über Leben gleich welcher Art außerhalb unseres Planeten geäußert haben. Die Alten Griechen als philosophische Vordenker der westlichen Kultur sind da besonders zu erwähnen.

Metrodoros von der Insel Chios, wahscheinlich ein Schüler Demokrits, sagte im 4. Jh.v.Chr.gleichnishaft: „Es wäre seltsam, wenn es auf einem großen Feld (nur) eine einzige Ähre gäbe und ein einziger Kosmos im Unendlichen". Im 20. Jahrhundert äußerte sich Carl Sagan ähnlich: Es müsse mehrere Welten einfach deswegen geben, weil alles andere eine riesige Platzverschwendung wäre.

Der zur Römerzeit lebende Grieche Plutarch verfaßte eine Schrift in Dialogform mit dem lateinischen Titel „De facie in orbe lunae" („Vom Mondgesicht"). Darin die Frage, wozu der Mond denn gut sei, wenn nicht für Mondbewohner. Weiter sagte er, eine Welt habe einen Endzweck (teleologisch), nämlich bewohnt zu sein.

Nikolaus von Kues (1401 - 1464), genannt Cusanus, stellte bereits Vermutungen über Bewohner von Sonne und Mond an. Er sah ferner die am Himmel sichtbaren Sterne als mögliche Wohnstätten Außerirdischer an. Und das zu einer Zeit, als Kopernikus das geozentrische Weltbild noch nicht in Frage gestellt hatte.

Die Beobachtungen des italienischen Astronomen Giovanni Schiaparelli mit seinen „canali" brachten etwas Unruhe in die Mars-Beobachtungen.

Erwähnenswert ist der Amerikaner Percival Lowell, der von seiner Tante das Buch „Le Planète Mars" des Franzosen Camille Flammarion zu Weihnachten geschenkt bekam. Dieser war davon überzeugt, dass es sich auf dem Mars bei diesen schnurgeraden Kanälen, die die Marsoberfläche durchzogen, um künstliche Wasserstraßen handele. Mancheiner dachte, dass sich das Wasser der weißen Polkappen auf diese Weise nach unten entleerte.

Lowell war ein reicher Amerikaner und er beschloss, sich fortan der Erforschung der Mars-Kanäle zu widmen. Mit seinem Geld baute er sich eine eigene Sternwarte, das Lowell Observatory in Flagstaff, Arizona, die noch heute existiert. Im Jahr 1894 begann Lowell mit seiner Forschertätigkeit und fand das, was er suchte, nämlich Kanäle über Kanäle, die er als künstlich interpretierte. Die dunklen Stelle, die er sah, deklarierte er nicht als Gewässer, sondern als Vegetationszonen inmitten von Wüstengebieten. Er folgerte daraus: Die Bewohner des Mars wären eine hochzivilisierte Rasse mit hohen technologischen Fähigkeiten, aber wohl in einer Art Endstadium.

Inzwischen hatte man ein noch größeres Teleskop gebaut im Lick Obervatory: Mit diesem ließen sich keine Kanäle verifizieren und auch von Wasser war keine Spur sichtbar. Im Jahr 1907 gab der greise Alfred Russel Wallace dieser Untersuchung recht - die Kanäle gab es offiziell nicht mehr. Nur Lowell hing weiter an seiner Theorie.

Inzwischen war der Mars-Hype auf die allgemeine Literatur übergesprungen und es erschienen eine Reihe von zum Teil Phantasie-Büchern, die sich die hypothetischen Außerirdischen zum Thema machten.

Bis in die 1950er Jahre hielt man noch eine einfache Vegetation bei entsprechender Atmosphäre für möglich. 1965 waren die Bilder der Marssonde Mariner 4 ein deutlicher Hinweis auf einen Wüstenplaneten, der von der Sonde Mariner 9 im Jahr 1972 bestätigt wurden, allerdings gaben die großen Gräber noch einige Rätsel auf. Die Vermutung, es könnten wenigstens noch Mikroben als einzige Mars-Bewohner geben, schien sich auch nicht zu bewahrheiten. Ebenso schied eine Vegetation als Ernährung für Mars-Bewohner jeglicher Art aus.

Somit blieb von allen Spekulationen über grüne Mars-Männchen und einer eventuellen Bedrohung für die Erde nichts übrig.

Die auf dem Mars herumfahrenden kleinen Vehikel haben bislang auch noch nichts gefunden.

Wie könnten extraterrestrische Wesen aussehen?

Eine außerordentlich schwierige Frage. Gezielter oder einfacher wäre die ganz gewöhnliche Frage: Aus welchen Mineralien oder Stoffen bestehen sie oder könnten sie bestehen? Ich möchte die Frage noch etwas weiter präzisieren: Ausschließlich Wesen, mit denen wir theoretisch in Interaktion oder Kommunikation treten könnten, ebenso wenig wie Außerirdische ein Interesse daran hätten, mit Mäusen oder Elefanten unserer Erde das Gespräch zu suchen, es sei denn sie planten eine interplanetaren Zoo.

Lassen wir einmal die gar nicht so abwegige Feststellung außer acht, sie, diese Wesen, wären rein geistiger Natur, von uns also nicht direkt wahrnehmbar, so ergeben sich, wenn wir sie als materiebehaftete Wesen voraussetzen, einige unabwendbare Feststellungen:

1. Die elementaren Baustoffe sind im Universum überall gleich. Es gibt keine Elemente, die nicht auch auf der Erde zur Verfügung stehen. Es ist nur eine Frage der Quantität.

2. Sie benötigen für ihre materielle Beschaffenheit auf jeden Fall Kohlenstoff (C-Atome) und Kiesel (Silicea). Denn jede lebendige Materie braucht Struktur und im gewissen Sinn Abgrenzung, sonst würde sie zerfließen, auch wenn es sich nur um Wesen im Wasser handeln würde.

3. Hinzu kämen strukturstärkendes Calcium und weitere Elemente, je nach Beschaffenheit

4. Damit Stoffwechselvorgänge und biologisch-chemische Prozesse ablaufen können – in jedem Fall eine Voraussetzung für Leben – müssten Wasser oder andere Flüssigkeiten vorhanden sein.

5. Um die nötigen Mineralien und Stoffe, vielleicht auch Vitamine, in Stoffwechselprozesse zu inkorporieren, sind „Lebensmittel" in Form von Pflanzengewächsen oder Tieren unabdingbar, wobei letztere ebenfalls auf ähnliche Stoffe angewiesen sind.

Bislang haben wir ausschließlich formal-materielle Voraussetzungen erwähnt.

Über die eigentliche Form kann man nur die Hilfe der Phantasie heranziehen. Man bedenke, wie viele merkwürdige Lebensformen es hier auf der Erde gibt, allein im lebensspendenden Meer, ganz besonders in der Tiefsee – auch hier wieder den Faktor Intelligenz wie wir ihn verstehen ausgeklammert.

Unsere deutsche Sprache hat so unglaubliche symbolische Feinheiten herausgebildet, die wir bei diesen Betrachtungen heranziehen können, sollten oder müssen.

Haben diese Wesen Hände, Tentakeln oder Greifwerkzeuge, mit denen sie die Umwelt abtasten und im übertragenen Sinn, wie es die deutsche Sprache so wunderbar vormacht, *begreifen* können?

Wie sieht es mit der Fortbewegung aus? Sind sie in der Lage einen Standpunkt einzunehmen und zu stehen? Die deutsche Sprache drückt es wiederum mit der Symbolik *verstehen* aus.

Über die Möglichkeit der Bewegung kann man nur rudimentäre Gedanken in die Welt setzen, aber eine Veränderung des Standpunktes ist immer ein Zeichen von Mobilität und damit möglicher Kommunikation und Interaktion.

Äußerlich muß man von einer Form ausgehen, die auf die Gesetze der jeweiligen Schwerkraft abgestimmt ist.

Weitere Vermutungen sind schwer zu tätigen, da man schnell in die Falle des Antropomorphismus tappt. Auch die Astrobiologen, die sich mit solchen Themen beschäftigen, sind davor nicht ganz gefeit.

Kann sich der Mensch mit Lichtgeschwindigkeit durch das All bewegen?

Die herkömmlichen Raketentriebwerke mit dem Rückstoßprinzip sind für weitergehende Exkursionen zu anderen Sonnensystemen absolut ungeeignet, sie sind einfach zu langsam. Das sieht man schon daran, dass unser Nachbarplanet Mars bei geeigneter Konstellation in rund fünf bis sechs Monaten erreichbar ist. Und das sind „nur" 50 Millionen Kilometer!

Die Lichtgeschwindigkeit mit nahezu 300.000 Kilometer pro Sekunde ist bekannt. In vielen Zukunftsromanen fliegen die Astro- oder Kosmonauten mit eben dieser Geschwindigkeit durchs All, um einige überschaubare Distanzen zu überbrücken. Allzu weit kommt man damit auch nicht.

Hinterfragt man allerdings diese Gegebenheiten, so sollte man nachdenklich werden. Allein bis zu unserem am nächsten gelegenen Fixstern Proxima Centauri in rund 4 Lichtjahren Entfernung würde eine Reise eben auch mit Lichtgeschwindigkeit mindestens vier Jahre dauern. Mit konventionellen Antrieben wäre die Besatzung über 100.000 Jahre unterwegs. Und man stelle sich weiter vor, dort würden unsere hypothetischen Reisenden nichts als unbewohnbare Planeten vorfinden, so würde eine Rückreise noch mal die gleiche Zeit erfordern, wenn man einmal notwendige Brems- und Beschleunigungsmanöver außer Acht lässt.

Könnte man die Sonden auf 60.000 Kilometer pro Sekunde (!) beschleunigen, dann wären sie in 20 Jahren bei Proxima Centauri.

Bei diesen Gedankenspielchen sind eine Reihe von Faktoren überhaupt nicht in Erwägung gezogen worden.

Bei konventionellen Triebwerken: Wie sieht es aus mit Treibstoff, mit Proviant und all den lebensbedingten Notwendigkeiten wie Hygiene und Entsorgung? Wie groß müsste ein solches Raumschiff sein, um der Besatzung für die lange Zeit ein psycho-physisches Ambiente zu verschaffen, in dem es sich einigermaßen leben und überleben lässt?

Diese Fragen werden sehr schnell ad Absurdum geführt, wenn man sich die Grenzen der menschlichen Mobilität vor Augen hält.

Denn diese Fragen hätten überhaupt nur eine Berechtigung, wenn sich Materie und damit ein notwendiges Transport-Medium mit Licht- oder Nahezu-Lichtgeschwindigkeit bewegen könnte.

Ob das physikalisch möglich ist, soll im Folgenden geprüft werden.

Es gibt die schönen Phantasie-Geschichten, in den zwei Männer oder Brüder versuchen, zu beweisen, dass bei Geschwindigkeiten nahe der Licht-Geschwindigkeit die Zeit fast stehen bleibt und der Mensch nicht oder kaum altert. Fliegt nun der eine Bruder mit einer derartigen Rakete los und kommt eines schönen Tages zurück, so findet er seinen Bruder als Greis vor, falls er überhaupt noch lebt. Vielleicht sind jetzt sogar die Enkelkinder schon im Seniorenstift.

Vor einer Reihe von Jahren hat man einen Versuch gestartet: Man schickte eine Reihe von zuverlässigen Atomquarz-Uhren mit überschallschnellen Flugzeugen auf die Reise. Als man sie nach der Rückkehr mit den stationären Kontroll-Uhren verglich, stellte man fest, dass die bewegten Uhren tatsächlich langsamer gegangen waren. Es handelte sich aber nur um Milliardenbruchteile von Sekunden.

Ebenso ist bekannt, dass die Geschwindigkeit auch die Masse verändert. Die Masse eines Körpers ist identisch mit seinem von der Schwerkraft verursachtem Gewicht.

Am deutlichsten wird es jedem beim Lieblingsspielzeug der Menschen. Fährt man vorsichtig in eine Parklücke und streift dabei ein anderes Auto, so ist die Beule relativ klein. Je höher aber die Geschwindigkeit ist, desto größer ist die Schadenswirkung.

Wozu nun diese banalen Vergleiche? Nun, sie erscheinen mir wichtig für das Verständnis der weiteren Ausführungen.

Im Jahr 1896 stellte der holländische Physiker Lorentz die nach ihm benannte „Lorentz-Transformation" als Formel auf. Der Vollständigkeit halber sei sie hier angeführt

$$M_v = \frac{M_o}{\sqrt{1 - \dfrac{v^2}{c^2}}}$$

In dieser Formel bedeutet:

Mo = Ruhemasse, im Gegensatz zu Mv = die bewegte Masse

v = die Bewegung (v² = mit sich selbst multipliziert), c = Lichtge-schwindigkeit (c² = mit sich selbst multipliziert).

In der folgenden Grafik ist die Formel dargestellt, in der die Ver-änderung einer Kugel im Geschwindigkeitsbereich von 0 bis auf fast Lichtgeschwindigkeit (nach Woltersdorf).

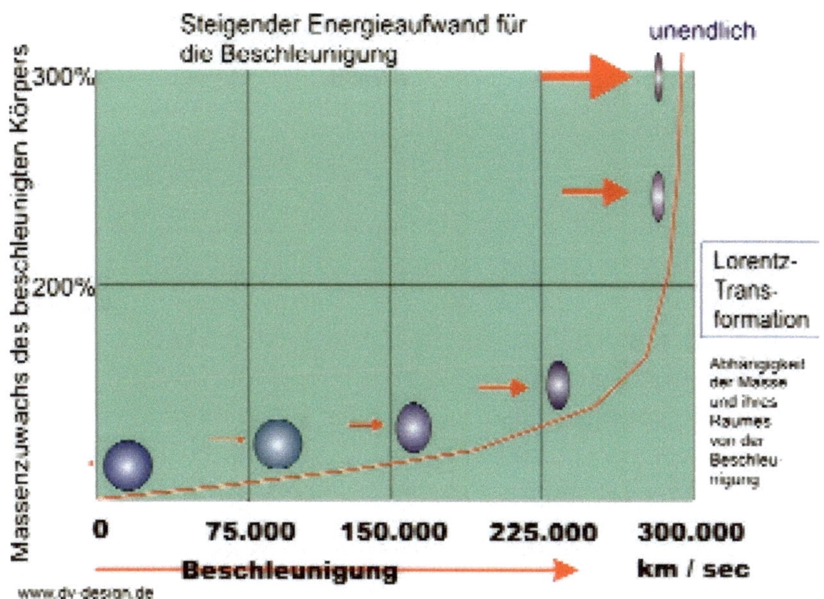

Die höchste Geschwindigkeit, die wir erreichen, betrifft die Erde selbst in ihrer leicht ellipsoiden Umlaufbahn um die Sonne. Sie bewegt sich mit 30 Kilometer in der Sekunde. Das bedeutet 1800 Kilometer pro Minute und schlussendlich über 100.000 Kilometer in der Stunde. Jeder kann es nachrechnen, indem er $2\pi r$ (r =Abstand Sonne – Erde) ausrechnet und durch die Anzahl von Jahres-Tagen und dann durch Stunden dividiert.

Nach unserer Grafik müssten wir mindestens 25 Prozent der Lichtgeschwindigkeit erreichen, um eine spürbare Zunahme der Messe zu registrieren.

Je näher wir der Lichtgeschwindigkeit kommen, desto mysteriöser wird das Geschehen. Die Masse nimmt zu, der Raum, in dem sich die Masse befindet, wird kleiner und wird in Richtung der Bewegung gestaucht. Zugleich muß immer mehr Energie investiert werden, um die Masse weiter zu beschleunigen.

Erreicht man fast die Lichtgeschwindigkeit, so befindet sich eine fast unendlich schwere Masse in einem fast unendlich kleinen Raum und die Zeit ist fast unendlich verlangsamt. Aber der Verbrauch von Energie wäre so gewaltig, dass ganze Sternensysteme dafür geopfert werden müssten.

Zugegeben, auch das ist nicht vorstellbar, man kann es nur beschreiben.

Was folgt daraus?

Auf der einen Seite ist der Mensch dazu verdammt, dieses Sonnensystem als seine Heimat zu betrachten und interstellare Träume zu beerdigen.

Zum andern stellen diese beschriebenen Faktoren auch für andere Lebewesen ein Hindernis für Überraschungsbesuche dar.

Auch die „geringe" Distanz von vier Lichtjahren zu unserem Nachbar-Fixstern Proxima Centauri stellt ein unüberwindliches Hindernis dar. Vier Lichtjahre – das hört sich erst einmal gar nicht so weit an - aber das sind rund 40 Billionen Kilometer, eine unvorstellbare Entfernung! Nur im Vergleich zu noch viel weiteren Sternen klingt es nach „Nachbarschaft" oder „Katzensprung".

Ein solch riesiges Raumschiff, in dem zig Generationen über Jahrhunderte unterwegs wären, ist kaum vorstellbar geschweige denn realisierbar. Und wer möchte denn auch sein ganzes Leben nur auf einem Raumschiff in der öden Leere des Weltraums verbringen und seinen unzähligen Nachfahren kein anderes Leben bieten, als auf diesem interstellaren Gefährt auszuharren, nur eines entfernten Zieles wegen, das sich obendrein noch als herbe Enttäuschung offenbaren könnte, wenn man nur unbewohnte oder unbewohnbare Planeten fände? Schlussendlich müsste man ja auch wieder zurück!

Mal eben so ins Internet oder ins interplanetare oder gar interstellare Telefon-Netz zu gehen – auch das ist Illusion, die Daten bewegen sich zwar mit Lichtgeschwindigkeit, aber in Anbetracht der Entfernungen kommen sie subjektiv empfunden mit quälender Langsamkeit bei einem hypothetischen Empfänger an und auf eine Antwort müsste man Monate, wenn nicht Jahre warten.

Der Mensch hat sich während seiner Evolution als äußerst kreativ gezeigt und hat es verstanden, die Gesetze der Physik zu seinem Nutzen und Vorteil einzuplanen und anzuwenden. Aber in Anbetracht dieser unvorstellbaren Entfernungen dürfte es ihm so gut wie unmöglich sein, die Gesetze der Physik und des Alls außer Kraft zu setzen.

Die Idee von den Tachyonen

Grundsätzlich kann Materie wie es bereits beschrieben wurde, nicht und nie die Lichtgeschwindigkeit überschreiten, ja sogar die Annäherung an diese Grenze ist im höchsten Grade problematisch.

Aber vor einer Reihe von Jahren kam man auf die Idee, dass „Teilchen" jenseits der Lichtgeschwindigkeit existieren könnten. Das Wort „Teilchen" ist im Grunde falsch, aber in Anbetracht fehlender Ausdrucksmöglichkeiten habe ich es vorsichtig in Parenthese gesetzt. Diese Tachyonen (vom griechischen Wort tachys für schnell) sollten die Lichtmauer nach unten hin nicht unterschreiten können, um in unsere Welt einzutauchen. Theoretisch würde es bedeuten, dass diese Teilchen bei der Abbremsung aus unendlich schnell nach unten hin bei der Lichtgeschwindigkeit „landen" würden. Diese Spekulationen konnten jedoch wissenschaftlich und experimentell nie bewiesen werden – wie sollte man auch. Jenseits der Lichtmauer versagt die klassische Physik. Nicht jede exotische Theorie findet in der Wirklichkeit ein Pendant.

Spinnt man den Gedanken einmal weiter – nur so aus Spielerei. Könnte man diese Tachyonen in ihrer unendlichen Extrem-Form mobilisieren, was würde das bedeuten? Unendlich schnell hieße: In Gedankenschnelle, noch viel, viel schneller als blitzschnell, könnte man sich auf die Reise begeben. Man denke sich ein Ziel – und schon wäre man da. Man schaut in einer klaren Winternacht hoch zum Sternbild Orion, peilt den roten Stern Beteigeuze und schon wäre man da. Aber Vorsicht ist geboten, denn dieser Stern ist 300.000 mal größer als unsere Sonne.

Überträgt man diese Spekulationen auf den irdischen Menschen, so könnte man seine Gedanken als Tachyonen bezeichnen – man kann sich in Gedanken ins ferne Australien auf den Ayers Rock, heute Uluru genannt, oder auf die Rückseite des Mondes begeben, aber der schwerfällige Körper bliebe zurück in der Gefangenschaft der Materie.

Schaut man hingegen im Internet nach, so stößt man auf Seiten, auf denen Tachyonen-Produkte für viel Geld feilgeboten werden, die angeblich großartige Heilkräfte bewirken sollen. Die Art der Herstellung, das „Tachyonisieren", wird aber tunlichst verschwiegen, es soll wohl zum Schutz gegen Nachahmer ein Betriebsgeheimnis bleiben. Aber manch einer fällt auf diese überheblichen Werbegags herein und gibt sein gutes Geld dafür aus.

Zum Thema Gedanken hat H.W.Woltersdorf in seinem Buch „PSI ist ganz anders – Modell eines neuen naturwissenschaftlichen Weltbildes" interessante Beiträge geliefert.

Er führt an einem Beispiel an, wie man mit Gedanken in Form einer Fern-Hypnose kommunizieren kann.

Dieses Beispiel sei hier nahezu ungekürzt übertragen:

Tatsächlich arbeitet ja auch das Gehirn mit elektrischen Impulsen, die meßbar und sogar steuerbar sind; Erregung und Entspannung, Schlaf und Bewußtsein, selbst Traumphasen lassen sich an den unterschiedlichen Impulsfrequenzen ablesen.

Gedanken – so war man lange Zeit, selbst heute noch überzeugt – müssen die Struktur elektromagnetischer Wellen haben, welche sich mit Lichtgeschwindigkeit ausbreiten. Kein geringerer als der Neurologe W. Bechterew war es, der die Wissenschaft von der Existenz einer psychischen Fernwirkung überzeugte und eine elektromagnetische Theorie der Telepathie für wahrscheinlich hielt.

Sein Schüler war der russische Professor Wassiliew, der die Hypothese seines Lehrers nachprüfte. Das Experiment und sein Resultat waren ebenso interessant wie unerwartet.

Für die Fernwirkung der Telepathie fand man einen sehr eindrucksvollen Beweis, da man Kontakte zwischen Sender und Empfänger über eine Distanz von 1700 Kilometer, nämlich von St. Petersburg, vormals Leningrad, bis Sewastopol herstellen und bestätigen konnte.

Dann aber sollte die Theorie der elektromagnetischen Wellen nachgewiesen werden. Man fand drei Versuchspersonen, die recht zuverlässig auf hypnotisch-telepathische Fernbefehle reagierten. Es handelte sich speziell um Befehle zum Einschlafen und zum Aufwachen. Um ihren Wach- oder Schlafzustand kontrollieren und registrieren zu können, sollten diese Medien in regelmäßigen Impulsen mit Luft gefüllte Ballons drücken. Diese Impulse wurden registriert, und registriert wurde auch, wenn der Hypnotiseur telepathisch seine Befehle zum Einschlafen oder Aufwachen erteilte. Von insgesamt 26o Versuchen mißlangen nur 6 Befehle zum Einschlafen und 21 zum Aufwachen.

Dann schritt man zur Überprüfung der Wellentheorie, indem man sowohl den Hypnotiseur als auch die Medien getrennt in Bleikammern, ähnlich den Faradayschen Käfigen, abschirmte. Es ist unmöglich, daß durch diese Bleiwände elektromagnetische Wellen hindurchwirken können. Zum großen Erstaunen aller beteiligten Wissenschaftler reagierten die abgeschirmten Medien ebenso gut auf die hypnotischen Befehle, als wären sie nicht abgeschirmt.

Damit war man vorerst mit dem Latein am Ende. Wenn keine elektromagnetischen Wellen Überträger der Telepathie sind, dann können es nur unbekannte Kräfte sein, die wahrscheinlich überhaupt keine physikalische Natur haben, also außerphysikalisch sind.

Diese Feststellung wäre an sich geeignet, ein großes Fragezeichen hinter unser physikalisches Weltbild zu werfen. Hier ist etwas, das wir nicht berücksichtigt haben, etwas, das eigentlich nicht sein kann, weil es nicht sein darf.

Die Physik hält sich aus diesem Dilemma heraus. Sie sagt: Beweist erst einmal, daß da eine Kraft ist, die nicht im Rahmen unserer Quanten-Feldtheorie beschrieben werden kann, bevor wir an unserem Prinzip etwas ändern oder überhaupt die Notwendigkeit einer Korrektur des physikalischen Weltbildes sehen.

Zusammenfassend von unserer Betrachtung zum Thema Tachyonen ausgehend kann man daher feststellen: Gedanken sind Informationen, die nicht den Gesetzen der klassischen Physik unterliegen, sie sind keine elekromagnetischen Wellen und auch keine korpuskularen Sonderformen und somit nicht der absoluten Grenze der Lichtgeschwindigkeit unterworfen, sondern sind außerphysikalische Phänomene, jenseits also von der Meßbarkeit mit physikalischen Geräten. Wir müssen dies allerdings etwas relativieren: Messen kann man Gehirnaktivitäten beim Denken schon, auch in welchen Gehirnarealen sie ablaufen, und somit auf die möglichen Auswirkungen Rückschlüsse ziehen. Aber der Inhalt bleibt uns physikalisch verborgen. Inwieweit der Mensch der Zukunft diese Macht für seine

Zwecke der Kommunikation mit terrestrischen und außerterrestrischen Wesen einsetzen kann, ist zum jetzigen Zeitpunkt kaum oder nicht absehbar.

Beamen - die ultimative Reiseform?

Wer kennt sie nicht aus den vielen Raumschiff-Enterprise-Filmen, die Fähigkeit, sich per Beaming aus dem Raumkreuzer auf eine bestimmte Region eines Planeten zu transportieren.

Die Reisenden stehen in einem Bereich, einer Dusche ähnlich, und auf einmal flackert und glitzert es etwas und schon sind die Raumfahrer verschwunden, entmaterialisiert und tauchen woanders wieder auf, hoffentlich dort, wohin sie wollten. Man gibt also in dem Sender bestimmte Koordinaten ein, wird entmaterialisiert und wird am Zielort wieder materialisiert und greift dort fröhlich ins aktuelle Geschehen ein.

Was soll man davon halten? Wäre das nicht die ideale Form der Fernreisen, besonders im Weltall? Man gibt ein „Proxima centauri Dritter Planet" und schon ist man da.

Wenn das nur so einfach wäre!

In einem Artikel in der FAZ vom 5.Febraur 2020 nimmt der WissenschaftlerMarkus Roth, seinerseit ein Star-Trek-Fan, zu diesem Thema Stellung.

Er meint, das Beamen wäre für einzelne Teilchen möglich. Aber der Mensch besteht aus unglaublich vielen Atomen und Molekülen, die bei einem Beaming-Vorgang einzeln erfaßt und dann transportiert werden müßten.

Jetzt kommt der Schock: Nur für das Einlesen sämtlicher humaner Materie bräuchte es 40 000 Milliarden Jahre. Das wäre nur die materielle Information, es erhebt sich die berechtigte Frage, wie steht es mit sämtlichen psychischen und mentalen Informationen? Bleiben die irgendwo im Beaming-Niemands-Land auf der Strecke? Und - noch ein zweiter Schock - der Festplattenstapel der Informationen hätte ein Längenmaß von drei Lichtjahren.

Man sieht, bei solchen Fragen und Möglichkeiten geht die Phantasie der Menschen in abenteuerliche physikalische Bereiche.

Die Frage des Beamens gälte natürlich auch für fiktive außerirdische Bewohner bei ihren möglichen Reisebestrebungen.

UFOs – fiktive Besucher?

Es gab eine Zeit in den Fünfziger und Siebziger Jahren, in der das Sichten der Unidentified Flying Objects, kurz UFOs genannt, häufig vorkam. Es waren nachts meist leuchtende Objekte und am Tag runde und flache, höchstens zigarrenförmige Gebilde, so dass der findige Volksmund ihnen den Spitznamen „Fliegende Untertassen" gab. Sie waren sogar auf den Radar-Schirmen zu sehen und waren unglaublich schnell und wendig.

Mit der Zeit wurde es zusehends schwieriger zwischen ernsthaften Beobachtungen und den Angaben von Psychopathen zu differenzieren, denn einige gaben sogar an, von den Besatzungen der Objekte entführt worden zu sein.

Bei dem Hype um die UFOs ließen viele ihrer Phantasie einfach freien Lauf.

Es war häufig nicht genau zu eruieren, ob es Wolkenformationen waren, Spiegelungen, Bilder von Flugobjekten ähnlich einer Fata Morgana oder Lichteffekte.

Der Autor Johannes von Buttlar geht in seinem Buch „Reisen in die Ewigkeit" im letzten Kapitel „Besuch aus der Zukunft" ausführlich auf diese Erscheinungen ein.

Dabei führt er gleich zu Beginn des Kapitels eine interessante (Hypo)These an: Man stelle sich vor, irgendwann in der Zukunft ist es Menschen gelungen, Zeitreisemaschinen zu konstruieren, wie es H.G.Wells in seinem im Jahr 1895 erschienenen Roman „Die Zeitmaschine" beschrieb.

Könnte es sein, dass sie mit dieser Technik in frühere Jahrhunderte zurückkehren, ja, dass es sogar Zeitreise-Agenturen gibt, die gut betuchten und historisch interessierten Bewohnern der Zukunft diese

Reisen in die Vergangenheit ermöglichen, immer unter der mora-lisch-ethischen Auflage, jedweden direkten persönlichen Kontakt mit den zeitgebundenen Menschen zu unterlassen, um ihre Entwicklung nicht zu stören.

Es gab sogar Gerüchte, dass eines dieser Objekte in den USA abgestürzt sei und jetzt die Regierung deren Insassen unter strengster Bewachung irgendwo hütet.

In den letzten Jahren sind keine UFOs mehr aufgetaucht.

Das könnte zwei Gründe haben:

Auf der einen Seite könnte man die häufigen Sichtungen als eine Art Massenhysterie bezeichnen, bei der einer den Anstoß gab und andere ihm nacheiferten.

Zum anderen könnte es für uns jetzige Menschen einen etwas ernüchternden Grund geben: Sollte es diese Futuronauten – so möchte ich sie einmal titulieren - tatsächlich gegeben haben oder besser gesagt: geben werden, dann haben sie anscheinend schnell das Interesse an dieser unserer Welt verloren, die sich durch kriegerische Auseinandersetzungen und technischen Wahnsinn in ein nicht gerade günstiges, wenn nicht gar abstoßendes Licht setzte. Das Etikett „Primitiv und rückständig" klebte auf den Zeit-Reise-Prospekten für diese aus ihrer Sicht vergangene Phase der Erdenbewohner.

Vielleicht haben sie - die Futuronauten - inzwischen interessantere Jahrhunderte für ihre Zeit-Exkursionen gefunden.

Einige Worte zur Entstehung dieses Universums

In meinem Buch „Der Urknall – Eine Fiktion der Astrophysik"
bin ich ausführlich auf die etwas absurden Theorien der Astrophysiker eingegangen, daher möchte ich sie an dieser Stelle nicht wiederholen.

Die Tatsache jedoch, mit der in der Astrophysik nur auf Grund
einer Rotverschiebung der Lichtwellen immer noch der Urknall pro-
pagiert wird, zeigt mir eine unwissenschaftliche und unlogische Betrachtungsweise auf.

Denn: Könnte es sein, dass Licht auch Ermüdungserscheinungen
bei diesen gewaltigen Entfernungen aufweist und daher alle Folge-
rungen illusorisch sind.

Und wenn sich das Universum ausdehnt, ja wohin denn eigentlich,
denn per se kann es ja außer dem Universum und außerhalb dessen
nichts geben? Mehr davon in meinem „Urknall"-Buch.

In dem Buch von Günter Wurm fand ich Sätze, die mich bewogen
haben, sie als Ergänzung in diesem Buch zu zitieren und zum Nach-
denken anzuregen, da sie durchaus eine wissenschaftliche Denk-
weise aufzeigen:

„Aus dem absoluten Nichts etwas entstehen zu lassen, Nichtvor-
handenes vorhanden werden zu lassen, ist wissenschaftlich undenk-
bar, außer durch Spekulation und dann ausschließlich durch einen
transzendentalen Schöpfungsakt. Es geht aber darum, vom wissenschaftlichen Aspekt aus die Geburt des Weltalls zu ergründen und
zu verfolgen, und das setzt gleichwie geartetes Vorhandensein von
Substanz voraus."

Allein im Universum?

Lassen wir einmal die astronomischen und astrophysikalischen Daten außer Acht, und versuchen wir einen neuen religions-philosophischen Einstieg in dieses Frage-Thema.

Eine kühne Frage: Ist dieses gesamte Universum gegebenenfalls ein ungeheuer großes Experiment, von wem oder von was auch immer? Eventuell müßte man gar noch hinzufügen: Das jetzige Universum? Denn wer weiß, ob es schon einmal vorher eines (oder auch mehrere) gegeben hat aus dem sich unseres entwickelt hat. Die Spekulationen mit einem Multiversum sollen bei diesen Fragen ausgeklammert werden, sie erscheinen mir zu absonderlich und daher ordne ich sie unter der Rubrik „Wichtigtuereien" ab. Wenn einem nichts einfällt, entwirft man Szenarien, die nicht nachprüfbar sind und denjenigen nur eine kurze intellektuelle Beachtung schenken.

Wir bleiben daher bei *einem* Universum, unserem Universum, in das wir nun einmal mit allen Freuden und Leiden hineingeworfen sind.

Sind wir alle nur winzige Begleiterscheinungen in diesem Epos – obwohl wir uns so unglaublich wichtig nehmen? Die oft gehörte These, der Mensch sei die Krone der Schöpfung erhält dann einen etwas schalen Beigeschmack.

Liegt etwa diesem für menschliche Begriffe so ungeheurem Etwas eine Idee, ein Plan, eine Vorstellung, eine Absicht zugrunde? Eine Idee, wohin sich evolutionsmäßig etwas entwickeln kann, wenn man dem Leben auf ausgesuchten Himmelskörpern die Chance gibt, sich zu entfalten? Auch wenn es Jahrmillionen und Jahrmilliarden dauern sollte? Zeit spielt bei diesem „Versuch" überhaupt keine Rolle. Zeit ist nur aus der menschlichen Kurz-Lebigkeits-Sphäre ein begrenzender Faktor. Ist unsere Erde eventuell einer dieser Plätze, der von der Schöpfung – um es einmal neutral-unverbindlich auszudrücken - auserwählt wurde, um an diesem grandiosen Spiel des Kosmos teilzunehmen und sich zu bewähren?

Steckt weiterhin eine Idee dahinter, Entwicklungen auf einem Himmelskörper zu beobachten, gar zu kontrollieren, ohne diese Evolution durch externe Einflüsse, sprich extraterrestrische Wesen mit einer völlig anderen Entwicklung, in seiner Entfaltung zu hemmen oder gar zu „stören"?

Ein isolierter Versuch also, auf diesen Himmelskörper Erde mit seinen für uns lebensfördernden Bedingungen beschränkt? Auch Exkursions- oder Expansionspläne, als Konzession an die menschliche Neugier im näheren erreichbaren planetaren Umfeld wie zB. dem Mars, sind im Entwicklungsplan durchaus involviert.

Sind daher fremde, extraterrestrische Zivilisationen, falls es sie gibt, so entfernt angesiedelt und eingeplant, dass sie uns nicht stören und wir Menschen wiederum keinen Einfluß auf ihre Entwicklung ausüben können? Eine Art Trennungs- und Sicherheitskomponente für galaktische Zivilisationen?

Zusätzlich ist noch für uns als Begrenzungsfaktor die unüberwindliche Klippe der Lichtgeschwindigkeit in dieses Denkmuster der getrennten Wege oder Evolutionen als Hindernis enthalten, wie es in einem der vorigen Kapitel beschrieben wurde.

Nun muß man - menschlich-verständlich - sich folgende Frage stellen:

Hätte nicht für diesen Plan *eine*, nämlich unsere Galaxis ausgereicht?

Denn es gibt allein in unserer Milchstraße nach allgemeiner astronomischer Ansicht Milliarden von Fixsternen, die Planeten mit möglichem Leben und eventuell auch Intelligenz um sich geschart haben könnten.

Und wozu dann die Milliarden anderer Galaxien?

Eine kühne Erklärung wäre:

So wie ein Lebewesen aus Billionen von Zellen besteht, die samt und sonders eine spezielle Aufgabe haben, so sind diese unbeschreiblich vielen Galaxien mit ihren Milliarden von Sternen vielleicht Teil eines riesengroßen Lebewesens, das wir in Ermangelung anderer Begriffe aus unserer engen menschlichen Perspektive heraus als Universum bezeichnen? So als hätte jede Galaxis eine spezielle Aufgabe in diesem Wesen.

Leben will wachsen – dehnt sich daher auch das Universum aus?

Das sind Fragen über Fragen, die unser menschliches Gehirn überfordern. Im Grunde ist es dafür auch nicht konzipiert.

Wir können nur schauen, immer wieder schauen und ob dieses grandiosen Wunders staunen und immer wieder staunen.

Science Fiction als Buch und Film

Ich habe bei weitem nicht sämtliche Science-Fiction-Romane gelesen, die auf dem Markt sind, denn viele glänzen nur mit zum Teil phantasievoller Technik, aber die Psyche kommt etwas zu kurz. Eben sowenig habe ich mir sämtliche Science-Fiction-Filme angesehen. Ich kann nur sagen, dass ich bei so manchem Film dieser Gattung das Kino vorzeitig verlassen habe, da diese Filme zum Teil von einer unbeschreiblichen Primitivität und Einfallslosigkeit gekennzeichnet waren.

In vielen Filmen tauchen diese Aliens als furchterregende, schrecklich anzusehende Ungeheuer auf, die nichts anderes im Sinn haben, als die Menschen zu vernichten und die Erde zu erobern. Wenn schon die Mörder in den vielzuvielen Krimi-Serien nicht oder nicht mehr ausreichend attraktiv sind, dann muß man eben Aliens als das personifizierte Böse auf die Leinwand zaubern.

Gewiss, die frühere Serie „Raumschiff Orion" hatte für die damaligen Verhältnisse sicher einige interessante Aspekte – aber aus der Retrospektive waren sie etwas zu einfach gestrickt. Die Serie „Star Trek" mit Captain Kirk, Mr. Spock und der Möglichkeit des „Beamens" war schon etwas anspruchvoller. Die Besatzung eilte mit dem berühmten „Warp"-Antrieb auch in ferne Welten, die allesamt mit irgendwelchen Wesen bevölkert schienen.

Für damalige Verhältnisse waren die technischen Zukunftsvisionen für den Besuch anderer Welten schon sehr kühn. Aber das „Beamen" zur Distanzüberbrückung dürfte eine der wohl kaum realisierbaren Techniken sein, denn es bedeutet: Auf der Sendestation wird Materie, in den Filmen zumeist Menschen, in seine Atome zerlegt und auf der Empfangstation wieder aufgebaut. Eine solche Technik würde eine solch unglaubliche Energie erfordern, dass ein ganzer Himmelskörper dabei drauf gehen würde. Zudem: Ein kleiner Fehler – dann gibt es keine Reset-Taste - und ein deformiertes Ergebnis kommt auf der anderen Seite an.

Aber in den Filmen wirkte das außerordentlich spektakulär.

Die wohl grandioseste Form der Begegnung mit extraterrestrischen Wesen stellte der 3D-Film Avatar dar. Mit einer speziellen Umwandlung gelingt es, Menschen für diesen Planeten umzuwandeln, so dass sie unter diesen Bewohnern leben können. Bösewichter sind wieder mal die Erdenbewohner, die diesen Planeten kolonisieren und für ihre industriellen Zwecke rohstoffmäßig ausbeuten wollen.

Im Jahr 2017 lief der Film „Valerian" – ein etwas harmloser Versuch, den Erfolg des Filmes Avatar zu wiederholen. Zuviel Weltraum-Ballerei mit zwei viel zu jungen Hauptdarstellern.

Literatur von Stanislaw Lem

Da Stanislaw Lem für mich zu den profiliertesten Autoren zählt, die sich mit dem Thema Zukunft und den möglichen Kontakt mit extraterrestrischen Wesen befasst haben, möchte ich ihm in diesem Buch ein kurzes Kapitel widmen.

Vor längerer Zeit habe ich ihn erlebt, wie er hier in Frankfurt vor rund hundert Zuhörern eine Rede gehalten hatte und sie durch humorvolle Phantasie farbig gestaltete. Es wurde viel gelacht.

Er hat neben einer Reihe von anderen Büchern einige Romane geschrieben, die versuchen, das so ganz unbeschreiblich Andersartige auf fiktiven Planeten unserer Milchstraße mit Kreativität zu beschreiben.

Hier einige seiner bekanntesten Werke:

Solaris
Dieser Planet kreist um eine Doppelsonne. Die Menschen haben eine Raumstation zur Erforschung dieses Wandelsterns installiert, auf der merkwürdige Dinge passieren, so dass die Erde einen Psychologen schickt, um den Dingen auf den Grund zu gehen. Der Planet ist von einem eigenartigen, bewegten Ozean bedeckt, der of-

fenbar Einfluß nimmt auf die physikalischen Verhältnisse auf der Station, zugleich auch auf die Psyche der Wissenschaftler, die ihn untersuchen sollen. Es dauert eine Weile, bis der Psychologe herausfindet, welches ungeheuer packende Geschehen sich hinter den Vorkommnissen in und um diesen Planeten Solaris abspielt.

Das Thema war augenscheinlich für die Film-Industrie dermaßen interessant, dass in den frühen Siebziger Jahren die Russen sich des Themas annahmen und später die Amerikaner mit George Clooney in der Hauptrolle das Thema noch einmal etwas anders gestaltet aufgriffen. Für Cineasten: Beide Filme sind auf DVD erhältlich.

Eden

Ein astronomischer Berechnungsfehler lässt das Raumschiff auf dem Planeten Eden notlanden. Während einige der Besatzung sich mit der Reparatur befassen, versuchen die anderen den Planeten zu erkunden und stoßen dabei auf seltsame Doppelwesen, die in einer Art Diktatur leben.

Der Unbesiegbare

Der „Unbesiegbare", ein schwerer Raumkreuzer macht sich auf die Suche nach einem verschollenen Raumschiff, dem „Kondor", irgendwo auf einem kleinen Planten, der um eine alte, rötlich glänzende Sonne im Sternbild der Leier kreist. Auch der Planet ist bereits alt und scheint kein Leben im biologischen Sinn aufzuweisen. Aber die Besatzung erlebt eine Reihe von dramatischen und ungewöhnlichen Erfahrungen

Fiasko

Diesen Roman erscheint schwierig zu lesen und glänzt mit vielen physikalischen, man möchte fast sagen allzu ausführlichen Betrachtungen. Im Grund geht es um die Erforschung eines Planeten namens Quinta. Man startet vom Saturn-Mond Titan, auf dem sich eine irdische Kolonie befindet.

Erich von Däniken und die Außerirdischen

Bei der Planung und beim Verfassen dieses Buches hatte ich - ich weiß nicht warum - die Bücher von Erich von Däniken völlig vergessen, dabei habe ich damals, als sein erstes Buch mit dem ungewöhnlichen Titel „Erinnerungen an die Zukunft" erschien, es mit großem Interesse gelesen. Denn in früher Jugend habe ich mich immer für Astronomie und für Science Fiction-Literatur interessiert. Die Romane von Perry Rhodan hatte ich mir oft gekauft, bis dann das Studium mit seinen Anforderungen und auch der Beginn der Selbstständigkeit wenig Zeit für das Lesen von Weltraum-Literatur ließ.

Es ist immer ungewöhnlich und unterhaltsam, wenn jemand mit neuen Ideen die konservative Welt etwas in Unruhe bringt oder zumindest nachdenklich macht. Ein schlechtes Zeichen kann es immer sein, wenn man Dinge grundsätzlich ablehnt, ohne sich gründlich mit diesen anderen Vorstellungen auseinandergesetzt zu haben. Zumindest sollte man stichhaltige und fundierte Argumente dagegen haben.

Ich hatte mir damals auch die folgenden Bücher von Erich von Däniken gekauft, aber sie führten seitdem ein kollektives und stummes Miteinander mit der Literatur aus allen möglichen Gebieten.

Dann stieß ich - per Zufall könnte man sagen - wieder einmal auf den Namen Däniken.

Ein Freund von mir, Dr. Harald Werner, der vor längerer Zeit eine zweijährige Ausbildung zu den unterschiedlichsten Themen der Biologischen Medizin bei mir gemacht hatte, erzählte uns damals auch oft über seine Reisen, die er mit von Däniken gemacht hatte.

Dann erzählte er mir, daß es jetzt neue Beweise für den Besuch von Außerirdischen gäbe (darauf wird in diesem Kapitel noch einzugehen sein). Er hatte immer wieder Kontakt zu Däniken gehalten.

Bei einer Geburtstagsfeier von mir, bat ich ihn, darüber einmal zu referieren. Was er auch tat, wobei er sehr viele Zitate und Angeben aus der ersten Auflage dieses Buches anführte. Zudem war er gerade von einer großen Tagung zurückgekommen (Forschungsgesellschaft für Archäologie, Astronautik und SETI), bei der von Däniken als Referent aufgetreten war.und auch sein neuestes Buch vorstellte, das die neuesten Erkenntnisse beinhaltete. Er kaufte ein Buch für mich und bat von Däniken, dem er von mir erzählte, um eine Widmung für mich.

Erich von Däniken schrieb in dieses Buch folgende Widmung:

Für den Zahnarzt, der über den Tellerrand guckt.
Für Dietrich Volkmer
Erich von Däniken
26.X.2019

Der Titel des Buches lautet:

Neue Erkenntnisse

Gepannt, was Erich von Däniken Neues zu bieten hatte (einen Teil hatte Dr. Werner bereits auf seinem Vortrag erwähnt), las ich das neue Buch. Man muß Herrn von Däniken eines konzedieren: Er ist ein unglaublich fleißiger Mensch, der Unmengen von Literatur angibt und gelesen hat: Aus indischen Texten, aus der Bibel, aus Angaben aus Mittelamerika etc. Er hat sich eine Lebensaufgabe gestellt, der er mit viel Begeisterung nachgeht.

Wenn man die Vergangenheit einmal gründlich durchleuchtet, dann gibt es einiges an Phänomen, für die wir keine ausreichende oder zufriedenstellende Erklärung haben. Ich kann nur auf zwei bekannte Bau-Ereignisse hinweisen, die ich selbst mit eigenen Augen inspiziert habe.

Als erstes möchte ich die Alt-Ägyptischen Pyramiden von Gizeh erwähnen. Sie sind das einzige erhalten gebliebene Bauwerk, das zu den Sieben Weltwundern zählt.

Ich bin in der Cheops- und auch in der Chefren-Pyramide drin gewesen. Im Inneren erfaßt einen schon so etwas wie Ehrfurcht, daß Menschen vor über 4000 Jahren es geschafft haben, solch gewaltige Bauwerke zu erschaffen. Geht man dann aber ins Detail, dann wird es in der Tat mysteriös.

Wie haben die damaligen Bewohner des Nils es mit ihren einfachen Mitteln vollbracht, solch immens schwere Steine aus dem Fels herauszuschlagen? Und dazu mit so unzureichenden Werkzeugen aus Kupfer, die nicht gerade allzuhart waren.

Dann mußten die Steine noch transportiert werden. Womit ist unklar. Da ist noch nicht alles: Sie mußten noch am eigentlichen Bauwerk, der Pyramide, zusammengefügt werden, und das bei einer beträchtlichen Höhe von ca 140 Meter (Cheops-Pyramide).

Weiterhin liest man in der einschlägigen Literatur von einer Bauzeit von 20 Jahren. Das ist kaum vorstellbar, dann wären die Erbauer ja schneller als die Bauherrn vom Berliner Flughafen. Denn die meisten damaligen Ägypter betrieben Landwirtschaft und wegen der jährlichen Nilschwemme konnten sie nur für vier Monate für Projekte des Pharao freigestellt werden. Denn in den restlichen acht Monaten hatten sie für die Ernährung des ägyptischen Volkes zu sorgen. Und die Einwohnerzahl - und damit die Anzahl der verfügbaren Arbeiter - war noch sehr gering.

Man sieht also, es gibt viele Fragezeichen und die Alt-Ägypter hatten es nicht für nötig befunden, die Art und Weise der Herstellung ihrer Bauten näher zu beschreiben - zum Leidwesen der Ägyptologen.

Kann man also, wie es Erich von Däniken tut, auf Grund dieser mysteriösen, für uns nicht erklärbaren Ereignisse auf die Hilfe und Mitarbeit von Außerirdischen schließen?

Ein weiteres Kapitel, das von Däniken immer wieder für seine Thesen herangezogen wird, sind die Moai, die Steinfiguren, auf der Osterinsel. Viele von ihnen wurden an den Küsten der Insel aufgestellt. Am Rano Raraku findet man noch fast vierhundert nicht vervollständigte Figuren, die zum Teil noch im Tuffstein stecken. Auch hier ergeben sich mehr Fragen als Antworten. Die Einwohnerzahl war sehr niedrig und sie gingen mit Obsidian- oder Basalt-Werkzeugen an die schwere Arbeit. Wie konnten so wenige Menschen eine solche Menge von fast dreihundert fertigen und den begonnenen Moai herstellen? Es muß lange Zeit ein ständiges Hämmern und Klopfen am Rano Raraku gewesen sein. Und dann mußten die fertiggestellten Figuren noch einen beträchtlichen Weg bis an die Küste transportiert werden (s. dazu auch mein Buch «Viertausend Kilometer Einsamkeit»). Kann es sein, dass für diese Zwecke rücksichtslos die Bäume gefällt wurden, um auf ihnen die Moai in ihre Zielgebiete zu rollen. Man kann nur von Uneinsichtigkeit sprechen, denn man beraubte die Insel ihrer natürlichen, lebenserhaltenden Flora und damit die Grundlage für die Ernährung.

Und dann hörte das Produzieren der Moai urplötzlich, wohl von einem Tag auf den anderen, auf.

Auch hier vermutet Däniken die Anwsenheit von extraterrestrischen Wesen, die den Ureinwohnern bei der schwierigen Fertigstellung der vielen Moai geholfen haben und dann Hals über Kopf die Insel verlassen haben sollen.

Nehmen wir nur einmal die beiden von mir aufgeführten Beispiele.

Was sollte Außerirdische motiviert haben, in irdische Produktionsprozesse einzugreifen und sich dann wieder sang- und klanglos in ihre angestammte interstellare Heimat zurückzuziehen?

Warum haben sie uns nur Fragen über Fragen zurückgelassen und keine Antworten? War es ihre Absicht, den Nachfahren dieser beteiligten damaligen Erden-Bewohner eine Menge von Rätseln zu hinterlassen? Sollte alles geheimnisvoll-verklärt bleiben?

Wir wissen es nicht und bewegen uns bei sämtlichen Erklärungsversuchen im Bereich des Spekulativen.

Es gibt noch viele andere Beispiele, die Däniken angibt. Ich möchte jedoch noch auf neuere Entdeckungen eingehen, auf die Däniken am Ende seines neuen Buches eingeht.

In einer Grabkammer in Peru wurden von Grabräubern merkwürdige Skelette entdeckt. Es handelte sich um kleine humanoide Skelette von ca 40 Zentimeter Länge. Das Merkwürdige daran war, daß ihre Gliedmaßen den menschlichen Händen und Füßen ähnlich waren, aber nur drei Finger und drei Zehen aufwiesen. Sie zeigten keinen Haarwuchs. Die DNS unterschied sich deutlich von menschlicher DNS. Däniken gibt an, daß manche Forscher dazu tendierten, diesen Mumien eine extraterrestrische Herkunft zu unterstellen. Das Alter nimmt man mit rund 1700 Jahren an.

Fazit: Es handelt sich um kein normales menschliches Wesen.

Aber: So möchte ich entgegnen, kann es sein, daß Wesen von außerhalb unserer Erde zufällig ähnliche Knochenstrukturen aufweisen wie normale Menschen. Sind sie etwa - um es etwas provokant zu formulieren - identisch mit den kleinen grünen Männchen, von denen so viel fabuliert wird?

Ein Biologe von der Universität Campeche, Mexico, formulierte es so (zitiert aus dem Buch von E.v.D.):

„Da die Mumie keine Ähnlichkeit zu den Arten hat, mit denen wir verwandt sind, ist diese Spezies von uns entfernt. Warum sind diese Wesen auf unserem Planeten, wenn es keine paläontologischen Funde von ihnen gibt? Daher ist unsere Schlussfolgerung, dass der Ursprung dieser Kreaturen nicht auf diesem Planeten liegt."

Also auch keine Ähnlichkeit mit Schimpansen und Gorillas!

Nicht von unserer Welt also. Nun muß man fragen: Warum wurden sie dort beerdigt oder mumifiziert?

Ich möchte dazu einmal eine andere Erklräung anbieten. In alten Kulturen wurden Kinder von normalen Eltern, die abnormal aussahen als Strafe durch die Götter angesehen. Es galt, sich möglich von ihnen zu trennen, da man fürchtete, sie würden Unglück über den Stamm oder die Familie bringen. Denken wir nur einmal an das Schicksal vieler Albinos, die vielfach als abnormal angesehen und umgebracht wurden. Das könnte hier auch stimmen, denn die Mumien sind sehr klein - haben also Kindgröße.

Nun stelle man sich einmal vor, die Gruppe oder die Familie ist auf ihrer Wanderung durch radioaktiv verseuchtes Gebiet gekommen, so daß die Chromosomen des Elternpaars oder der Elternpaare oder das Erbgut stark verändert wurde. Man stelle sich jetzt das Entsetzen der Elternpaare vor, die in kurzer Zeit mißgestaltete Kinder zur Welt brachten. Mußten sie es nicht als durch Gottheiten verursachte Strafe oder Schicksal ansehen? Was liegt oder lag näher, als sich von diesen Unglücksboten so schnell wie möglich zu trennen, um sich nicht weiter irgendwelchen Strafen auszusetzen.

Eine weiter Möglichkeit wäre, dass die Mütter während der Schwangerschaft unwissend irgendwelche toxischen Stoffe oder sogar Rauschmittel bei religiösen Zeremonien einnahmen.

Und dann die Kinder entsprechend mißgestaltet zur Welt kamen. Um sich von ihnen rasch zu trennen und den Empfehlungen der Schamanen und Medizinmänner gehorchend, tötete man sie und vergrub oder bestattete sie in Höhlen und zog aus diesem unheilvollen Gebiet, so empfanden sie es, fort.

Vielleicht befürchtete man auch von den Göttern geschickte unheilbare Erkrankungen, die sich in diesen Entstellungen äußerten. Zum Schutz der Restpopulation wollte man sie wegsperren.

Auch in geschichtlicher Zeit, und zwar noch gar nicht so lange her, wurden auf der Insel Kreta die Patienten, die von Lepra befallen waren, ab dem Jahr 1904 auf die Insel Spinalonga im Golf von Elounda.verbannt. Dort verbrachten sie den Rest ihres Lebens. Kein Angehöriger durfte sie je besuchen. Heute kann man diese Insel gefahrlos besuchen.

Und denken wir einmal an die Jetztzeit (ich schreibe diese Zeilen im Februars 2020). Der Corona-Virus grassiert und was macht man mit den Betroffenen, also den Infizierten und den möglich Infizierten. Man schickt sie in die Isolation. Natürlich ist dies eine völlig andere Maßnahme, als sie damals durchgeführt wurde, nämlich nur vorübergehend und zur Abklärung. Zwei große Kreuzfahrtschiffe dienen jetzt sogar zur Massen-Isolation.

Ich weiß, dass ich mit meinen Thesen mit den Vorstellungen von

Herrn von Däniken nicht konform gehe.

Aber: Ich muss Herrn von Däniken mein uneingeschränktes Kompliment aussprechen, mit welchem Engagement und welchem Fleiß er seiner Eingebung nachgeht, dass nämlich unsere Heimat. die Erde, schon von anderen Wesen von anderen Welten besucht worden ist.

Warum sie nicht geblieben sind und warum sie nur so ein kurzes Gastspiel bei uns vor so vielen Jahren gegeben haben, das steht buchstäblich in den Sternen.

Ruft man sich aber die Angaben der vorangegangenen Seiten in Erinnerung und stellt sich wiederum die gewaltigen Entfernungen vor, die uns von anderen, möglichen bewohnten Welten trennen, so möchte ich eines ganz vorsichtig behaupten:

**Noch nie haben Außerirdische diese Erde betreten -
aber ich muss es etwas präzisieren: In sichtbarer, materieller
Form!**

Zum Schluss noch ein Kurzgedicht von dem von mir sehr geschätzten Poeten und Schriftsteller Eugen Roth

> Der Meister seinen Jüngern riet,
> Nur das zu glauben, was man sieht.
> Doch dieser Einwand sei erlaubt,
> Dass mancher das sieht, was er glaubt.

Phantasie-Heimaten im Universum

Wie könnten andere Planeten beschaffen sein, die etwas beherbergen, das man im weitesten Sinn mit dem Begriff „Leben" bezeichnen könnte?

Reicht unsere Phantasie überhaupt aus, etwas zu beschreiben, was so völlig anders aussehen könnte, als wir es uns selbst in den kühnsten Träumen vorstellen können, obwohl ja Träume einen immer irgendwie geformten Bezug zu einer Art von irdischer Realität haben (können) und insofern keine wertvolle Hilfe darstellen. Muß Leben immer nach den gleichen Mustern ablaufen, wie es sich hier auf der Erde im Lauf der Evolution abgespielt hat? Muss es immer Kohlenstoff oder Silicea sein? Oder hat die unglaublich kreative Natur, die letztendlich für das gesamte Universum gilt, in den unvorstellbaren Weiten des Weltraums völlig andere Konzepte verfolgt und realisiert?

Wenn wir nunmehr versuchen, hypothetische Welten zu kreieren, die zumindest eine Spur von Leben gleich welcher Art beherbergen könnten, so muß man manchmal die strengen Regeln der Physik und auch der Geo-Biologie vernachlässigen und die Phantasie spielen lassen. Aber: Trotz Phantasie wird manchesmal eine leichte antropomorphe Betrachtungsweise nicht ganz auszuschließen sein. So ganz können wir ihr doch nicht entrinnen.

Die fiktiven Bilder von Oberflächen der Planeten wurden mit dem Computer-Programm Bryce erzeugt.

Kurz gefasst: Wir werfen alle physikalischen Begrenzungen über Bord und huldigen weitgehend der Phantasie.

Hypothetische Kugelwesen-Familie auf einem Planeten, der den Stern Pollux im Sternbild Zwillinge in ca 350 Millionen Kilometer umrundet

Eine fiktive Oberfläche eines Planeten, der bewohnt sein könnte.

Ein Wüstenplanet als Begleiter eines der Gürtelsterne des
Orion

Ein von Algen bevölkerter Planet. Vielleicht eine Frühform
der Evolution

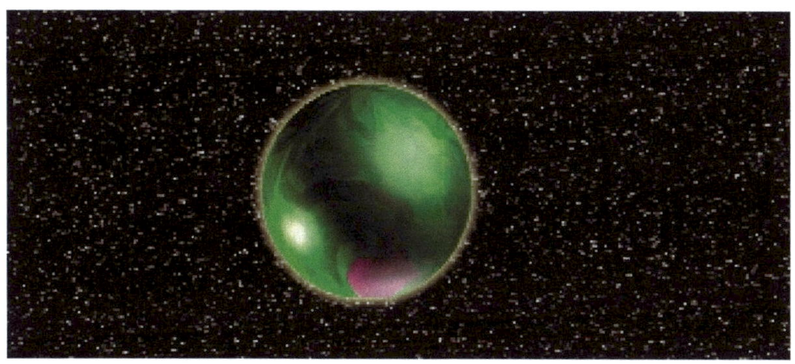

Coloria

Im Jahr 2630 erreichte das Raumschiff „Hermes" den Planeten Coloria, der auf Grund seiner Farbvielfalt so getauft wurde. Er umkreiste sein Zentralgestirn, das ungefähr unserer Sonne glich, in einem Abstand von 180 Millionen Kilometer. Forschungssonden hatten teilweise merkwürdige Daten von diesem Planeten gesendet, so dass man, neugierig geworden, nunmehr Klarheit durch einen Besuch schaffen wollte.

Die Besatzung war nach zwanzig Jahren aus dem Kühlschlaf geweckt worden und blickte gespannt auf die Oberfläche des Planeten. Der Kapitän Essemer und der Navigator hielten Ausschau nach einem Landeplatz für eine Kapsel, in der sechs Männer den Planeten erkunden sollten. Von oben sah die Oberfläche aus, als hätte ein Maler aus den längst vergangenen Zeiten des Expressionismus kräftige Farben auf eine Leinwand gezaubert.

Endlich sichteten sie eine flache Stelle, die im Gegensatz zu der Umgebung farblos oder zumindest monochrom schien.

Die Landekapsel wurde startklar gemacht.

Der Navigator gab die Daten ein und den Rest erledigte die Automatik.

Am Boden angekommen meldete der Computer die Zusammensetzung der Atmosphäre: Der Sauerstoffgehalt lag bei dreißig Prozent.

„Wir versuchen es ohne Masken" meinte der mitgeflogene Biologe Mergenjew.

Nun sahen sie sich erst mal die umliegende Szenerie an.

„Schaut auf den ersten Blick aus wie ein tropischer Urwald, aber auf den zweiten befremdlich anders!" meinte Essemer.

Ringsherum auf dem Boden standen Gebilde, die aussahen wie Bäume, sie hatten einen dicken Stamm und oben in rund drei Meter Höhe verzweigte sich dieser Stamm in mehrere Bereiche, an denen grüne blattähnliche Früchte hingen, fast flach, aber breiter als erdähnliche Blätter. Das eigenartige aber war: Der Stamm war nicht statisch, sondern wie eine Blase schob sich von unten immer wieder eine Ausdehnung nach oben bis zur Abzweigung der Pseudoäste, wo sie verebbte und von neuem wieder am Stammansatz begann. Zwischen den baumähnlichen Gebilden gab es keine kleinen „Pflanzen", also kein Unterholz, wie wir es auf der Erde kennen.

„Das sieht aus, als ob in diesen pflanzenähnlichen Gebilden ein rhythmisches Leben pulsiert" meinte Mergenjew, „das sollten wir uns einmal aus der Nähe ansehen."

„Bitte nichts anrühren," meinte Essemer, „wer weiß, was das bedeutet."

Kaum hatten sie sich bis auf wenige Meter an die „Bäume" genähert, als plötzlich die Farbe Grün in ein grelles Rot wechselte. Der Lauf der Blase ging in einen schnelleren Rhythmus über.

„Das scheint eine Alarm-Reaktion zu sein," entfuhr es Essemer, „die haben uns irgendwie als Fremdlinge oder Feinde erkannt."

Zugleich mit der Rotfärbung öffneten sich an der Blase seitliche kleine Schlitze, die ein Sekret ausstießen, das fürchterlich stank.

„Wenn solche Reaktionen möglich sind, ist die konsekutive Logik: Diese ‚Bäume' oder was immer das auch sein mag, dürften auf diesem Planeten Feinde zu haben, gegen die sie sich zu wehren scheinen und vielleicht sogar müssen. Offenbar haben sie uns dementsprechend eingeordnet," ließ sich Mergenjew wieder vernehmen.

„In Deckung" rief plötzlich der Navigator Schneider, denn auf einmal flog ein gezielter Strahl aus einer der Öffnungen auf sie zu.

„Die scheinen auf eine merkwürdige Weise miteinander zu kommunizieren, sonst könnten sie nicht alle zusammen auf externe Reize reagieren!" fügte Schneider hinzu.

„Mir scheint, dass diese Abwehrmaßnahmen erst dann stattfinden, wenn man länger an einem Platz verweilt, die ‚denen' die Reaktionen darauf ermöglichen. Ich sehe hier einen breiten Pfad, lasst uns den mal schnell entlang gehen, um nicht bespuckt zu werden," meinte Schneider etwas vorsichtig-besorgt.

Sie beschleunigten ihren Schritt.

Hinter ihnen nahmen die Pseudo-Bätter wieder eine grüne Farbe an, während seitlich von ihnen die Farben von grün auf rot wechselten.

„Jetzt verstehe ich auch den Namen „Coloria", die man diesem Planeten auf Grund der Sondenergebnisse gab," sagte Essemer, „wir sollten mal den Biosensor einschalten, um auf Nummer Sicher zu gehen. Denn es scheinen noch andere Wesen in dieser Gegend zu existieren."

Mergenjew packte das Gerät aus seinem Rucksack aus und schaltete es ein.

Richtete er den Distanzsensor auf weiter entfernt stehende, grün gefärbte „Bäume", so pendelte sich der Zeiger auf der Mitte der Skala ein. Beim Avisieren der nahe stehenden rot Gefärbten schlug der Zeiger wesentlich weiter aus.

„Die biologischen Aktivitäten gehen mit der Farbgebung konform. Als ob sich die Bäume mit ihrer Standard-Farbe in eine Art ‚Schonzeit' zurückziehen, um Energie zu sparen. Ich glaube, hier wird uns noch einiges an seltsamen Phänomenen begegnen."

Jakoda war Neuling bei der Besatzung – es war seine erste kosmische Fernreise.

„In meiner Jugend habe ich alle Bücher über den Weltraum und interstellare Reisen verschlungen," warf er beim Gehen ein, „aber ich habe mir fremde Planeten ganz anders vorgestellt."

Der Kapitän klopfte ihm auf die Schulter.

„Warte es ab, du wirst noch einige merkwürdige Phänomene bei deinen zukünftigen Reisen erleben. Hier auf dieser Welt scheint es bis jetzt ziemlich ruhig und ungefährlich zuzugehen. Bislang jedenfalls!" und dann im Nachsatz „wenn du länger dabei bist, kannst du ja mal einen Science Fiction-Roman schreiben, der so in vierhundert Jahren spielt. Vielleicht haben sie bis dahin die Teleportation entwickelt, dann können sie die Raumkreuzer einmotten. Wenn sie das mit der dann erforderlichen Energie hinkriegen."

Inzwischen waren sie auf dieser Schneise etwas weiter gekommen und erreichten eine Art Plateau, auf dem die „Bäume" keine oder kaum Blätter aufwiesen. Auch zeigten sie am Stamm keine rhythmischen Bewegungen.

Der Biologe hatte es als erster gesehen.

„Schaut euch mal den Boden unter den Bäumen an. Da liegen lauter violette Kugeln. Ob die hier Fußball gespielt haben?" entfuhr es ihm.

„Schalte mal den Biosensor ein und richte ihn auf die Bäume und die Kugeln."

„Nichts, kein Ausschlag," meldete Mergenjew, „weder bei den Bäumen noch bei den Kugeln. Sieht aus wie leblos."

„Merkwürdig," meinte Essemer, „als ob hier ein Kampf stattgefunden hat. Die Kugeln scheinen ebenfalls zu den Einwohnern zu gehören," und zum Navigator gewandt: „Schalte mal deine 3D-Kamera ein, speichere alles und schicke mal ein Video nach oben zur „Hermes", damit die nicht ganz uninformiert bleiben."

„Es wird doch wohl keine Seuche sein, an der diese Wesen gestorben sind," meine Mergenjew, nachdem er den Zustand kritisch beäugt hatte und vorsichtig wie er war, fügte er gleich hinzu „Wir sollten das nicht auf die leichte Schulter nehmen, denn theoretisch hätten wir keine Abwehrkräfte gegen Viren oder Bakterien dieses

Planeten. Denkt mal an die früheren Zeiten, als die Eingeborenen anderer Länder und Kontinente den Krankheiten der weißen Eroberer erlagen, gegen die ihr Immunsystem nicht geschult war."

„Ich wiederhole mich: Wir fassen nichts an. Laßt uns weitergehen."

Nach diesem etwas trostlosen Szenario war rechts und links wieder das übliche Bild zu sehen: Grüne pulsierende „Bäume", die bei ihrer Annäherung ihre Farbe nach rot wechselten und sich dann wieder grün einfärbten.

Essemer wählte die „Hermes" an.

„Ihr oben, wie schaut es aus eurer Vogelperspektive aus? Wenn alles so grün ausschaut, dann brauchen wir nicht stunden- oder tagelang weitersuchen."

Die Antwort kam prompt.

„Alles grün. Nur auf der Südhalbkugel liegt wohl eine größere Wasserfläche, die leicht violett schimmert. Aber selbst mit unseren Teleskopen ist darin keine Bewegung oder Leben zu entdecken. Der Telesensor reagiert ebenfalls nicht. Ein ziemlich monotoner Planet. Man muß sich fragen, warum man uns überhaupt hierher geschickt hat. Wir hoffen nur, dass nicht wieder der maßlose Rohstoffhunger der Auslöser war."

„Danke," antwortete Essemer, „wir wollen nur noch einer Frage nachgehen: Es gibt hier offenbar zwei verschiedene Lebensformen. Die zweite haben wir nur als Leichen gesehen, wenn die Bezeichnung richtig ist. Es ist jetzt Mittag – wir suchen noch ein bischen."

Auf der nächsten Erhebung hatten sie eine großartiges Panorama, doch als sie hinunter schauten, zeigte sich ihnen ein dramatisches Bild.

Die „Bälle", die sie zuvor abgestorben gesehen hatten, zeigten sich hier in aggressiver Offenheit. Die „Bälle" waren zusammengerollte, raupenartige Wesen oder Tiere, die sich entrollt an die Bäume gekrallt hatten und dabei waren, mit scharfen Maulwerkzeugen die Bäume und ihren Saft, der ihnen wohl keinen Schaden zufügte, auszusaugen. Regelrechte Schmarotzer! Mit ihren Pulsationen gelang es den Bäumen nicht, die gefräßigen Raupen abzuwerfen.

Einige Bäume waren bereits entblättert, aber auch einige der Raupen hatten sich zu Kugeln formiert und lagen bewegungslos auf dem Boden.

Die Gruppe schaute sich interessiert und schweigend das Treiben an.

„Das ist wohl einer der Orte der Auseinandersetzung zweier hiesiger planetarer Lebensformen," meinte der Kommandant, „wir können und sollen hier nichts tun. Jedweder Eingriff für die einen oder die anderen Wesen wäre ein Eingriff in das evolutive Geschehen auf „Coloria". Jeder Planet hat das Recht auf eine eigene Entwicklung, auch wenn es mit menschlichen Begriffen nach Mord und Krieg aussieht."

Etwas nachdenklicher fuhr er fort:

„Wir können nur tatenlos zuschauen. Ist nicht die menschliche Geschichte eine Folge von Kriegen, zum Teil größten Ausmaßes? Hat bei uns auf der Erde jemand von außen eingegriffen? Nein! Wir mussten über die Jahrhunderte selbst zur Vernunft kommen. Und vergleicht man damit dieses Geschehen hier, so entspricht es einer Frühphase der Erde. Was wäre beispielsweise geschehen, wenn vor 60 Millionen der große Asteroid nicht auf der Erde eingeschlagen hätte, die Ära der Saurier beendet und die Entwicklung der Säugetiere ermöglicht hätte. Wer weiß, vielleicht ist diesem Planeten einmal ein ähnliches Schicksal beschieden und es entsteht etwas Neues. Die Evolution hat unglaublich viel Zeit und vor allem Geduld. Und Asteroiden schwirren zu Milliarden im Kosmos herum. Ich für meine Person möchte sagen: Wir haben unsere Aufgabe erfüllt und versucht, das Rätsel der grünen Farbe und der Farbveränderungen zu lösen. Es scheint auf diesem Planeten nur zwei verschiedene Formen von Leben zu geben, von denen eine beweglicher Natur ist und die andere weitgehend stationär. Wer auf lange Sicht diesen Planeten für sich einnehmen wird, das steht in den Sternen. Lasst uns daher zur „Hermes" zurückkehren und ihnen die Bilder und Videos eines fremden Planeten präsentieren. Wir haben auf dem Rückflug genügend Zeit, um unsere Eindrücke zu vertiefen und, falls Interesse, ein wenig über die Möglichkeit und Beschaffenheit anderer, außerirdischer Lebensformen zu diskutieren. Wie ich ihn kenne, hätte unser Biologe sicher gern Proben von diesem Planeten mit in unsere Zentrale gebracht. Aber denkt einmal daran, wie die ersten Menschen vom Mond zurückkamen - einem ziemlich staubtrockenen Himmelskörper - da hat man sie auch erst einmal vorsichtig in Quarantäne gesteckt, um Infektionen durch unbekannte Erreger auszuschließen."

Onda – der Planet der Wellen

In der Kommandozentrale der Raumfahrtorganisation für den Bereich Orion herrschte große Aufregung. Zwei Raumkreuzer waren als vermisst gemeldet, spurlos verschwunden, ohne ein Hilfesignal abgegeben zu haben.

Um den Stern Rigel kreiste in gebührender Entfernung ein Planet, dessen Oberfläche eine eigenartige Struktur aufwies. Keine einzige Fläche war zu sehen, der Planet schien von länglichen Gebirgszügen durchzogen, zwischen denen sich tiefe Einschnitte zeigten, die man als Täler ansehen konnte. Es sah aus, als zöge sich über den gesamten Himmelskörper ein ununterbrochenes Wellenmuster, wie eine Ondulierung, daher stammte auch der ihm verpasste Name. Alles hatte eine leicht bräunliche Farbe, die von hellbraun bis dunkelbraun changierte. Kein Schimmer von Grün, als ob das Chlorophyll, wie wir es von der irdischen Flora als Lebensspender kennen, hier keine Möglichkeit der Entstehung gehabt hätte.

Als einziger der Trabanten besaß der Planet eine Atmosphäre, die sich aus Kohlendioxid, Stickstoff und Sauerstoff zusammensetzte, wie die spektroskopischen Messungen zeigten. Es schienen durchaus Voraussetzungen für Leben gleich welcher Art gegeben zu sein.

Schon längere Zeit stand „Onda" auf der Liste der Planeten, die hinsichtlich der Bewohnbarkeit überprüft werden sollten.

Um den Planeten näher zu untersuchen, wurde die „Hektor" auf den Weg geschickt. Nach mehreren Umrundungen des Himmelskörpers funkte die Besatzung, es gäbe keinen optimalen Landeplatz aber man wolle versuchen, in einem der engen Täler das kleine Raumschiff aufzusetzen. Von der Zentrale gab man eine Zusage und wies den erfahrenen Kommandanten an, weitere Entscheidungen ohne Rückfrage selbst zu tätigen.

Nach einigen Stunden kam die Bestätigung: „Es war keine leichte Landung, wir sind zwischen zwei felsähnlichen Wänden gelandet. Links und rechts von uns erheben sich ziemlich steile Wände. Wir legen die Anzüge an und werden das Schiff verlassen."

Kurz danach hörte man nur einen markdurchdringenden Schrei und die Verbindung brach ab.

Alle Versuche, erneut Kontakt mit der „Hektor" aufzunehmen, schlugen fehl. Irgend etwas Ungewöhnliches musste mit der Besatzung und auch mit dem Raumschiff passiert ein. In der Zentrale war man ratlos.

In der Kommandozentrale beratschlagte man, was zu tun sei. Man konnte das nicht so einfach hinnehmen, eine Klärung war unbedingt nötig. Vielleicht waren noch Besatzungsmitglieder der „Hektor" am Leben. Oder die Funkgeräte waren ausgefallen.

Ein zweites Schiff, die „Achilles" wurde vorbereitet und auf die Reise geschickt. In der Zentrale flachste man über die Namensgebungen. Der Kommandeur hatte sich sehr mit der Antike beschäftigt und so schlug er bei der Namensgebung der Raumschiffe altmodische Namen vor, wie die meisten Raumfahrer glaubten. Man sagte dem Kommandeur Mortimer nach, dass er die uralte Sprache Latein gelernt hatte, weil sie – wie er sagte - so logisch sei. Und wenn er Zeit hatte, las er häufig in einer Übersetzung der „Ilias", einem Schinken aus der menschlichen Frühzeit.

Bevor die „Achilles" aufbrach, mussten sich die Besatzungsmitglieder noch einige Details zur Person dieser mythischen Gestalt anhören. Die meisten waren aber schon mit ihren Gedanken bei dem bevorstehendem Flug und zollten den Erklärungen über ein antikes Heldenepos wenig Interesse.

Nach drei Monaten meldete sich die „Achilles". Der Kapitän Schmitt berichtete in kurzen Worten wie es seine Art war über die Eindrücke aus dem Orbit des Planeten.

„Wie schon gemeldet: Der Planet ist eine einzige Welle: Lauter bergige Züge getrennt durch tiefe Täler. Es scheint keine Pflanzen oder Bäume zu geben. Es gibt auch keinen Hinweis auf zivilisatorische Bauten wie Häuser oder Städte. Was Lebewesen anbetrifft: Fehlanzeige! Wir haben alles gründlichst von oben abgesucht: Nirgendwo ist trotz mehrfacher Umrundungen eine Spur oder Trümmer von der „Hektor" zu finden. Es mutet an, als ob sie regelrecht verschluckt wurde. Es wäre absolut unwahrscheinlich, wenn sich das Schiff ohne eine Meldung wieder nach oben begeben hätte und abgereist wäre. Wir werden diesen merkwürdigen Planeten mal aus der Nähe betrachten und gehen jetzt nach unten, obwohl eine Landung alles andere als einfach zu sein scheint."

Es dauerte rund drei Stunden bis die „Achilles" aufsetzte.

Schmitt meldete kurz: „Landung geglückt, aber ewas schwierig. Auch hier wieder links und rechts hohe Wände. Wir liegen hier im Schatten, das Licht des Rigels kommt nur gedämpft hier unten an. Ausstieg steht bevor."

Dann anschließend: „Das sind aber rechts und links keine Felsen oder Steine, es sieht aus wie ein Teppich mit langen Fransen, irgendwie weich, als hätte jemand den Untergrund mit Stoff schützend abgedeckt. So eine Struktur habe ich noch nie auf meinen Exkursionen gesehen."

Dann brachen die Durchgaben plötzlich ab, man hörte nur noch solche knirschenden Geräusche wie wenn Metall zerdrückt wird.

Gespannt wartete man auf weitere Durchgaben. Aber nichts dergleichen geschah – die „Achilles" blieb stumm. Wiederum versuchte man auf allen Frequenzen das Raumschiff zu erreichen – aber alles erfolglos.

Erneut herrschte Ratlosigkeit und Entsetzen in der Kommandozentrale. Besonders das plötzliche Verschwinden machte Sorge und Angst. Der Planet wurde immer unheimlicher.

„Irgend etwas stimmt mit diesem Planeten nicht," fluchte Mortimer und hieb mit der Faust auf den Tisch, was sonst eigentlich nicht seine Art war, „es ist unsere verdammte Aufgabe, abzuklären, wo beide Raumschiffe geblieben sind und was mit diesem Planeten los ist. Schließlich tragen wir auch die Verantwortung für die Männer und Frauen, die auf den Schiffen waren. Wie bringen wir es der Zentrale schonend bei?"

Man war sich darüber im Klaren, ein weiteres Raumschiff in Gefahr zu bringen, wäre verantwortungslos und risikobehaftet gewesen. Auf der anderen Seite war aber eine Klärung für die Hauptzentrale auf der Erde vonnöten. Auch die Familienangehörigen würden mit Sicherheit über die Gründe des Verschwindens Bescheid wissen wollen.

Mortimer hatte eine unruhige Nacht. Immer wieder unterbrachen die Gedanken an die Verluste der beiden Schiffe seinen Schlaf.

Er hatte noch drei weitere Schiffe an seiner Raumstation zur Verfügung. Sie kreiste in einer Umlaufbahn um einen bewohnbaren Planeten namens Ergonia, dessen sonnenähnliches Zentralgestirn rund ein Lichtjahr vom Rigel entfernt war.

Als sich Mortimer am nächsten Morgen mit den leitenden Offizieren am Bildschirm der Zentrale traf, sah man ihm seinen gestörten Schlaf an.

„Wir müssen eine Lösung finden," meinte er, „und ich habe euch alle jetzt hierher gebeten, um gemeinsam nach einer Möglichkeit der Klärung zu suchen."

Stratos, der immer von sich aus Spass behauptete, einer seiner Urururahnen wäre mit Alexander dem Großen nach Asien gegen die Perser gezogen, durchbrach als erster das betretene Schweigen.

„Beim besten Willen können wir es nicht noch einmal riskieren, erneut ein ganzes Raumschiff auf ‚Onda' landen zu lassen und weitere Männer zu verlieren. Bis jetzt trauern wir um vierundzwanzig tapfere und erfahrene Leute. Aber tatenlos können wir auch nicht bleiben."

Der Kommandeur sagte erst einmal nichts, aber man sah ihm an, dass er bewegt war und mit sich nach Lösungen rang. Er musste aber eine Entscheidung treffen, aber welche?

„Es gilt, das Rätsel dieses Planeten zu lösen, vielleicht haben wir dann Glück und finden eines oder beide Schiffe. Sie können sich doch nicht einfach in Luft aufgelöst haben. Ich kann mir nur eine Möglichkeit vorstellen: Wir schicken ein größeres Schiff mit einer kleinen Expeditionskapsel für ca 4 Personen zur ‚Onda'. Anschließend versuchen wir, das größere auf eine onda-stationäre Umlaufbahn zu steuern, von da aus lenken wir die Kapsel auf den Boden, und zwar so, dass wir sie ständig mit unseren Teleskopen und per Video unter visueller Kontrolle haben."

Drei Monate später machte sich die „Odysseus" mit zwanzig Männern und vier Frauen auf die Reise.

Mortimer räusperte sich:

„Ich weiß, meine Freunde, ihr amüsiert euch über die Namensgebung das Raumkreuzers. Aber glaubt mir – so steht es in den alten Schriften – Odysseus war ein gerissener Kerl. Er kam von einer kleinen Insel im Mittelmeer. Mit seiner List wurde damals eine reiche Stadt namens Troja erobert. Er war einer der wenigen Helden bei dieser Schlacht, die am Leben blieben, und er fand wieder nach Hause auf seine Insel. Es soll zwar zehn Jahre gedauert haben – aber immerhin, er trotzte allen Gefahren und fand wieder heim. Das soll ein gutes Omen für uns sein, auch wenn ihr skeptisch seid."

Die Kunde von den beiden verschollenen Raumkreuzern hatte sich überall herumgesprochen und so hatte sich inzwischen Ron Wilbur eingefunden. Er war Reporter der Interstellar News und hatte sich auf besonders heikle Fälle spezialisiert. So hatte er sich die Erlaubnis der Geo-Zentrale eingeholt, bei diesem Unterfangen als Reporter dabei zu sein und die Ergebnisse in das interstellare Video-System einzuspielen.

Die ganze Besatzung der Station schaute zu, wie die Fahrer in ihre Raumanzüge schlüpften und das angedockte Schiff bestiegen.

Kapitän Bengtson warf vorsichtig die Triebwerke an, um die Station nicht zu beschädigen.

Alsdann verschwand die „Odysseus" in der Schwärze des Alls. Bengtson stellte noch die Navigationsautomatik und die Radarsicherung an, bevor er sich als letzter in die Schlafkabinen begab, um sich für zwei Monate in die künstliche Kälteschlafphase zu versetzen.

Zwei Tage vor der Annäherung an „Onda" fuhren die Lebenserhaltungssysteme die Mannschaft wieder hoch. Die schrillen Glocken ließen selbst die schläfrigsten unter ihnen hochschrecken. Bengtson war als erster in der Zentrale und blickte auf die riesige zielgerichete Projektionsleinwand, die den Planeten aus rund 200 000 Kilometer Entfernung zeigte.

Man sah eigentlich nur eine bräunliche Kugel und von weitem sah der Planet richtig unscheinbar aus. Aber er schien irgendein Geheimnis zu verbergen. Nur was für eines?

Bengtson steuerte die „Odysseus" in eine Umlaufbahn.

Über der Oberfläche zeigten sich einige kleine Wolkenschleier. Der Navigator brachte das Raumschiff auf eine Position, die sich der Rotation des Planeten anpasste.

Fast die gesamte Besatzung griff zu Teleskopen und Videoexplorern, um Eindrücke von der Oberfläche zu gewinnen. In den bräunlichen Wellentälern und –bergen war keine Bewegung zu erkennen, als ob der Planet ausgestorben wäre. Auch von den beiden verschollenen Schiffen ließ sich mit den Metall-Distanz-Meßgeräten kein Echo auffangen.

„Das ist ja wie ein teuflisches Mimikry!" entfuhr es Yamato, dem Astronavigator, „als ob der Planet unsere Ankunft auf irgendeine

Weise registriert hat und uns jetzt überlisten will."

„Er sieht doch wirklich so harmlos aus," wandte Fenderson ein, der für die Triebwerktechnik zuständig war und jetzt eine Ruhepause hatte.

Bengtson räusperte sich etwas.

„Männer," so begann er, und zu den vier weiblichen Besatzungsmitgliedern gewandt, „meine Damen, wenn ich euch jetzt außen vor lasse, so hat das seinen Grund. Also noch mal: Männer!"

Er räusperte sich und kratzte sich verlegen am Kopf.

„Wir können nicht ohne ein konkretes Ergebnis auf die Rückreise gehen. Vier von euch werden jetzt in die Kapsel steigen und auf einer Position landen, wo wir euch von hier oben unter ständiger Kontrolle haben. Fenderson, mache die Kapsel startklar und ihr vier – ich sehe, ihr habt es unter euch ausgemacht und Ron Wilbur will partout dabei sein – legt die Raumanzüge an. Wenn der nächtliche Schatten verschwindet und Rigel unten am Morgen-Horizont auftaucht, legen wir los. Die wenigen kleinen Schleierwolken lagen nicht über der geplanten Landestelle."

Piotr Karimow steuerte die Kapsel, vom Compter unterstützt, nach zwei Stunden auf den avisierten Platz. Er musste zum Schluß noch etwas mit der Hand nachsteuern, um in einem der Täler zu landen. Die vier Landebeine fuhren aus und die Kapsel landete sanft.

Oben auf der „Odysseus" stieg die Spannung.

„Hier unten ist es leider nicht so hell, weil der Rigel noch etwas zu tief steht und nicht über uns, aber mit unseren Lichtverstärkern dürfte das kein Problem sein," meldete sich Karimow, „wir werden jetzt vorsichtig die Schutzanzüge anlegen und die Kapsel öffnen."

„Machts gut, Jungs," meldete sich Bengtson, „unsere Gedanken sind bei euch."

Karimow fuhr die Leiter aus und nacheinander verließen sie die Kapsel.

Ron Wilbur sprach seine Eindrücke in ein Diktiergerät hinein und hatte seine Video-Kamera gezückt.

„Die Wände sehen so weich aus, gar nicht wie Felsen!" kam eine Stimme von unten.

„Schaut euch das an," schrie Bengtson plötzlich, eigentlich ein ruhiger Typ, „die beiden Wände beginnen sich von links und rechts auf die Kapsel und unsere Männer zu zu bewegen."

Verzweifelt versuchte er, Kamerow und seine drei Begleiter zu erreichen, aber irgendwie riss die Funkverbindung ab, man hörte nur eine Art Störgeräusch.

Auch Kamerow hatte die Gefahr registriert.

„Verdammt," so hörte man ihn noch kurz, „das bewegt sich alles auf uns zu, das will uns verschlingen."

Das waren seine letzten Worte.

Die beiden Wände verschluckten in Windeseile die vier Männer und die Kapsel, so als ob sie bereits hungrig darauf gelauert hätten.

Entsetzt und voll Grauen blickten die im Schiff zurückgebliebenen auf das furchtbare Schauspiel.

Eine Weile herrschte Totenstille, eine der vier Frauen begann zu schluchzen.

Bengston war der erste, der seine Sprache wieder fand.

„Das ist meine schrecklichste Stunde, so lange ich im All unterwegs bin. Wir stehen hier oben und können und konnten nichts machen, nur hilflos zusehen, wie unsere Männer in ihren Tod gingen," sagte er unter Tränen.

Nach einer Weile der Betretenheit und Trauer warf Yamato, ein Anhänger des Zen-Buddhismus ein: „Unfaßbar! Wir haben diesen Planeten unterschätzt, ja, wir haben ihn völlig falsch eingeschätzt, für ein unbewohntes Etwas! Das ist auch der Grund, dass die anderen Schiffe, obwohl sie viel größer waren als diese Kapsel, so plötzlich verschwanden."

Er überlegte noch einige Minuten.

„Wir haben es augenscheinlich mit einem intelligenten Wesen zu tun. Der ganze Planet ist eine Einheit, ein lebendiges Wesen und schützt sich so vor Eindringlingen. Diese Wände oder Felsen, wie wir sie bezeichnet haben, sind wie übergroße Tentakeln, voll mit Fühlern, die ihre Meldung an irgendein übergeordnetes Wesen weitermelden, das im Innern das Planeten sitzt."

Bengtson hatte seine Fassung wieder gefunden.

„Unsere Hilflosigkeit ist so deprimierend. Wenn es irgendeinen Hinweis auf Leben gegeben hätte! Aber nichts, kein Warnzeichen! Als ob der Planet in einer Art Dauerschlaf steht und erst bei Kontakt mit etwas Fremdem zur Aktivität übergeht. Aber unterhalb dieses ‚Teppichs', so will ich es einmal nach den Erfahrungen unserer Besatzung nennen, müssen Lebensprozesse ablaufen, die für uns völlig unverständlich sind und offenbar den gesamten Planeten wie ein komplexes Lebewesen umfassen. Auf der Erde gab es früher einmal Pflanzen, so habe ich es in einem alten Biologie-Buch gelesen, die hießen „Sonnentau". Wenn sich ein Insekt darauf niederließ, schnappte die Falle mit klebrigen Fühlern zu und das Insekt wurde verdaut. Jetzt waren unsere Männer die Insekten."

Er machte eine Pause und schaute sich der Reihe nach die Gesichter der Mitfahrer an. In allen spiegelte sich noch die Fassungslosigkeit gemischt mit Trauer.

Bengtson hub noch mal mit gedämpfter Stimme an:

„Freunde, wir sind hier unerwünscht, ja mehr noch, wir werden als Feinde betrachtet. Das können wir auch nicht mit Nuklearwaffen oder Laserkanonen beantworten. Schließlich sind wir die Eindringlinge und wurden nicht hierher gebeten. Wir müssen uns das, auch wenn es schwer fällt, zu Herzen nehmen. Es gibt keine Form der Kontaktmöglichkeit mit diesem planetaren Wesen. So bleibt uns nur die deprimierende Einsicht, unverrichteter Dinge wieder heimzukehren."

Planet „Wir" – Wie sehen Außerirdische die Erdenbewohner?

Wir haben uns mit den letzten beiden Science Fiction-Kurzge-schichten weit ins Reich der Phantasie begeben.

Eine ganz entscheidende Frage: – auch wenn sie wieder nur mit den Flügeln der Phantasie beantwortet werden kann – Wie könnten oder würden auf einem fremden Planeten, der von Lebewesen mit Intelligenz bewohnt ist, diese auf die merkwürdigen Erd-Wesen rea-gieren, die kühnerweise auf ihrem Planeten gelandet sind – gleich-gültig ob mit Absicht oder als Notfall bei einer Havarie.

Dieser fiktive Planet liegt in der Nähe des großen Sterns Capella im Sternbild Fuhrmann in der habitablen Zone rund 200 Millionen Kilometer vom Zentralgestirn entfernt.

Um die Sprache der Bewohner ins Irdische transferieren zu kön-nen, waren aufwändige algorhythmische Studien mit dem Google Translator interstellar als auch mit Wikipedia galax vonnöten. Beide Firmen geben aber ausdrücklich an, dass sämtliche Angaben nur für unsere Milchstraße gelten und die intergalaktischen Helfer noch nicht ausgereift seien. Erschwerend kam bei der Begegnung hinzu, dass der Hörsinn der Bewohner nur rudimentär ausgebildet ist und ihre hauptsächliche Kommunikationsbasis die Telepathie ist.

Ihrem Planeten haben sie – in unsere Sprache übertragen – den Namen „Wir" gegeben, was irgendwie auf eine ausgeprägte soziale und vielleicht friedliche Gemeinschaft schließen könnte.

Am Rande einer großen Ebene standen mfr3, mkt4 und bwt2 und hielten ein telepathisches Schwätzchen. Hinter ihnen lagen einige Gebiete, die mit grünen und roten Pflanzen in ordentlich ausgeprägten Reihen bewachsen waren und in denen kleine Helfer dabei waren, irgendwelche unbekannten Früchte oder Blätter zu ernten.

Die drei warfen hin und wieder einen Kontrollblick auf die kleinen Helfer und fuhren dann in ihren Gedanken fort.

„Ich weiß nicht, ob ihr das nicht auch spürt?" warf mfr3 ein, „irgendwie sind heute fremde Schwingungen spürbar, deren Sinn ich nicht deuten kann. Das ist niemand von uns. Wo mag das herrühren?"

bwt2 reckte den oberen Teil seines Körpers als ob er lauschen bzw den Empfang verbessern wollte.

„Wo du das sagst" meinte er „jetzt spüre ich das auch. Das ist eine völlig fremde Sprache."

mkt4 schien der Älteste unter ihnen zu sein und wohl empfangsmäßig nicht mehr ganz so fit zu sein.

Die Bewohner von „Wir" hatten für menschliche Empfindungen eine merkwürdige Figur. Die Hautfarbe zeigte eine deutliches Rosa, wohl durch Mineralien, die speziell und gehäuft auf diesem Planeten vorkamen. Der Kopf oben zeigte nach vorn oben zwei große Öffnungen, wahrscheinlich die visuellen Sinnesorgane. Oberhalb der Augen fielen zwei Ausbuchtungen auf, wohl die für die Telepathie zuständigen Empfangs- und Sende-Organe. Eine Nase war nicht zu sehen, offenbar war der große Mund, der aber keine Zähne zeigte, ein Verbundorgan für Schmecken und Riechen.

Der obere Teil des Körpers, wir haben ihn mal Kopf genannt, ging fast nahtlos in den Körper über, aus dem zwei seitliche Greifarme herausragten, die am Ende sich in kleine Tentakeln aufgliederten.

Den Körper umschlang eine Art langes Tuch, aus dem unten zwei Füße herausragten, die an Pinguin-Füße erinnerten.

„Schaut mal nach oben," funkte mfr3 plötzlich aufgeregt, „da zeigt sich am Himmel ein unbekanntes Objekt, das anscheinend Kurs auf diese Ebene genommen hat. Eine Wolke ist das nicht und einer von unseren Ballons kann es auch nicht sein!"

„Das sind Fremdlinge," schloß bwt2, „woher mögen sie kommen und vor allem mit welcher Absicht? Die wollen sich doch wohl nicht auf unserem Planeten niederlassen!"

Kapitän Herrschel hatte sich für die Landung die große Ebene ausgesucht und hatte gerade die Triebwerke für das Aufsetzen aktiviert.

„Ich bin ja mal gespannt, was uns auf diesem Planeten erwartet. Wenn ich richtig informiert bin, sind wir das erste Raumschiff, das sich bis in diese Gegend gewagt hat."

Der mitgereiste Biologe hatte bereits die Atmosphäre analysiert und sie als durchaus passabel bewertet. Das Vorhandensein von Pflanzen gleich welcher Art schien ihm ohnehin als positives Signal.

Der Navigator stand am Video-Teleskop und hatte die Umgebung bereits abgesucht.

Das Schiff rüttelte ein wenig als es aufsetzte und eine Staubwolke ließ auf Sand oder ähnliches schließen.

Herrschel ließ die Ausstiegsluken aufklappen und die Leitern ausfahren. Monchard, aus dem früheren Frankreich stammend, ein junger, mutiger Mann kletterte als erster heraus.

„Nach der schlechten Luft in der Kabine ist hier die Luft richtig erfrischend. Hier könnte man leben," ließ er sich vernehmen, und nach oben blickend, „die Capella ist etwas größer am Himmel als unsere heimatliche Sonne. Aber so schnell werden wir keinen Capella-Brand kriegen."

„Vier Mann gehen insgesamt aus dem Schiff, die anderen vier blei ben zur Sicherheit an Bord. Wir wissen nicht, was uns erwartet. Ich gehe mit euch raus."

Draußen stellten sich die vier erst einmal auf und schauten sichernd umher.

Inzwischen waren wts1, wts 2 und wts3 neugierig hinzugestoßen, drei Geschwister, denen das Raumschiff nicht entgangen war. Sie kamen aus einem runden Kuppelbau in der Nähe, in dem einige fensterartige Gebilde zu sehen waren.

Zwischen allen sechsen schwirrten die telepathischen Signale aufgeregt hin und her.

mfr3 hob einen Greifarm, um die anderen zu beruhigen.

„Wir warten erst einmal ab, was diese komischen Gestalten vorhaben. Eigenartig schauen sie schon aus. Diese seltsame Einbuchtung zwischen dem oberen Teil und dem Hauptteil. Ob das wohl hält und nicht auseinander bricht? Wenn ich uns mal so vergleichend betrachte, dann sieht das richtig unästhetisch aus. Es wäre doch sinnvoller, wenn alles ineinander überginge. Dann so lange Gehwerkzeuge, als ob sie es immer eilig haben!"

„Die schaukeln richtig, wenn die sich vorwärts bewegen," meinte wts1, wohl der älteste der drei Geschwister. Was haben die bloß an ihren Füßen, so etwas Glänzendes?"

Herrschel hatte inzwischen die planetaren Bewohner erspäht und beschloß, sich ihnen vorsichtig zu nähern.

„Guckt euch mal an, was die sich immer an den Kopf halten, so kleine Geräte. Dazu bewegen sie den Mund oder was immer das ist. Verstehen kann ich nichts. Sie scheinen noch in einer frühen Entwicklungsstufe zu stehen und mit dem Mund zu kommunizieren. Das gibt es bei uns schon Tausende von Jahren nicht mehr," meinte mfr3 etwas überheblich, „und mit unserem Nachbarplaneten, wohin vor langer Zeit von uns welche ausgewandert sind, gibt es telepathischen Datenaustausch. Solche Uralt-Vehikel, mit dem diese Fremden da ankamen, sind bei uns schon längst aus der Mode."

Die anderen nickten, blickten aber gespannt und etwas ängstlich auf die Näherkommenden.

„Man kann nur hoffen, dass diese Fremden der Aggression abgeschworen haben und keinen Krieg mehr kennen. Denn hier bei uns herrscht schon lange ein friedvolles Miteinander. Unser Weiser aller Großen Weisen predigt uns das immer wieder."

Als die Fremden näher kamen, hoben alle die Fangarme und bewegten kreisend die Tentakel, bei ihnen ein Zeichen des Friedens.

„Was haben die bloß für ein komisches vorstehendes Organ in der Mitte vom Kopf, mit den beiden Löchern drin?" dachte mkt4 bei sich, „da sieht unser oberer Teil vom Körper doch praktischer aus, nicht so verschnörkelt. Selbst unsere kleinen Helfer hinter uns auf den grün-roten Feldern sind besser gestaltet. Zwei von ihnen haben einen Deckel oben drauf und bei zweien zeigen sich so eigenartige Gewächse oben auf dem Kopf . Ob das Antennen sind? Vielleicht verstehen sie uns damit besser?"

„Sie versuchen, mit uns zu kommunizieren. Der eine öffnet seinen Mund. Aber ich verstehe nichts," teilte mfr3 den anderen mit, „der eine zeigt mit einer Hand nach oben. Dann macht er mit der anderen Hand so eine kreisende Bewegung und schaut dabei herum. Wahrscheinlich wollen sie sich die ganze Gegend anschauen."

Sie beugten den oberen Teil des Körpers etwas nach vorn.

„Was die so am Körper anhaben, das sieht so aus, als wären sie darin gefangen, es sieht so eng aus. Wie leicht ist dagegen unsere Kleidung," ließ jetzt wts2 sich telepathisch vernehmen, „und was die so alles an technischen Geräten an ihrem Körper herumhängen haben. Ohne diese sind sie wohl hilflos!"

Herrschel wandte sich an Monchard: „Aktiviere doch mal deinen Google Galax Translator auf Ultrafeineinstellung. Vielleicht können wir auf diese Weise mit denen in Kontakt kommen. Denn irgendwie unterhalten scheinen sich diese Wesen auch!"

Wir verlassen nunmehr diese fiktive Begegnung zweier einander völlig fremder Kulturen. Es geht nicht um die weitere Erforschung dieses Planeten am Stern Capella, sondern nur um einen ersten Eindruck, wobei dieser Ersteindruck hauptsächlich aus der Perspektive der dortigen Bewohner fiktiv geschildert wird. Ob es auf diesem Planeten Gewässer, Waldgebiete, Tiere etc geben kann, blenden wir einfach aus. Auch die Frage nach Sexualität bleibt unbeantwortet. Manchmal kann wenig ein bischen mehr sein.

Zum Schluss noch ein wenig visuelle Phantasie

Könnte so eine fremde Welt aussehen, die nur von Wasser bedeckt ist und in der sich das Leben im Wasser entwickelt hat?

Eine zweite Erde irgendwo in den unbeschreiblichen Weiten unserer Milchstrasse oder irgendwo im Universum?

Literatur

Audretsch, J. / Mainzer K.; Vom Anfang der Welt; C.H.Beck, 1990

Bublath, J.; Geheimnisse unseres Universums, Zeitreisen, Quantenwelten, Weltformeln, Droemer, 1999

Buttlar, v.J; Reisen in die Ewigkeit Der Mensch überwindet Zeit und Raum, Fischer,

Charon, E.J.; Der Geist der Materie; Ullstein, 1982

Clarke, A.C.; Im höchsten Grade phantastisch; Deutsche Buch Gemeinschaft

Däniken, E.v.; Erinnerungen an die Zukunft, Econ, 1969

Däniken, E.v.; Aussaat und Kosmos, Spuren und Pläne außerirdischer Intelligenzen, Econ, 1972,

Däniken, E.v. ; Meine Welt in Bildern, Econ, 1973

Däniken, E.v.; Neue Erkenntnisse; Beweise für einen Besuch von Außerirdischen in vorgeschichtlichen Zeiten, Kopp, 2018

Diamond, J.; Kollaps, S.Fischer, 2006

Frankfurter Allgemeine Woche, Nr. 50, 8. Dezember 2017 Titelthema: Flucht ins All

Holt, J.; Gibt es alles oder nichts?; Rowohlt, 2014

Kaltenegger, L.; Sind wir allein im Universum?; Ecowin Verlag, 2015

Kulke, U.; Was, wenn die Außerirdischen ziemlich dumm sind? Welt am Sonnag, Nr. 22, vom 28.5.2017

Lem, St.; Summa technologiae; Insel, 1976

Lossau, N.; Feuertod am Saturn, in WamS vom 27. August 2017

Rauchhaupt, U. v.; Der Neunte Kontinent – Die wissenschaftliche Eroberung des Mars, Fischer, 2009

Rauchhaupt, U.v.; Bewohnte Welten, in FAS vom 17. März 2019

Spektrum der Wissenschaft; Spezial: Ferne Sterne und Planeten, 2017

Tolan, M.: Die Star Trek Physik – Warum die Enterprise nur 158 Kilo wiegt etc; Piper, 2017

Volkmer, D.; Der Urknall – Eine Fiktion der Astrophysik, Books on Demand, 2016

Volkmer, D.; Zeit – Ein rätselhaftes Phänomen. Gedankenfragmente. Books on Demand, 2011

Woltersdorf, H.W.; Die Schöpfung war ganz anders; Irrtum und Wende, Walter-Verlag Olten, 1976

Woltersdorf, H.W.; Phänomen Schwerkraft – Das Medium, mit dem wir denken, Wolter-Verlag, Olten, 1977

Woltersdorf, H.W.; Psi ist ganz anders –Modell eines neuen naturwissenschaftlichen Weltbildes; Radius, 1975

Wurm, G.; Die Geschichte des Universums, Evolution und Genesis; Strom-Verlag, Zürich, 1985

Unser Galaxis-Nachbar im All - der Andromeda-
Nebel - ca 2.2 Millionen Lichtjahre entfernt

So ungefähr sähe unsere Heimat im All, die Milchstrasse,
aus, könnte man sie von oben fotografieren. Unser Sonnensystem mitsamt der Erde läge in irgendeinem unbedeutenden Seitenarm weit draußen

Weitere Literatur des Verfassers

Der Urknall
Eine Fiktion der Astrophysik
Eine kritische Auseinandersetzung mit den z.T. abenteuerlichen Thesen der Astrophysiker

Verlag: Books on Demand

Zeit - Ein rätselhaftes Phänomen
Gedankenfragmente
Niemand weiss eigentlich was Zeit im Wesenskern bedeutet - aber wir können ihr nicht entfliehen. Das Buch beschreibt verschiedene Aspekte der Zeit

Verlag: Books on Demand

Siehe auch www.literatur.drvolkmer.de

Weitere Literatur des Verfassers

**Alexander und Aristoteles
Eine späte Begegnung**
Eine fiktive Begegnung der beiden in Babylon ca 4 Wochen vor dem Tod Alexanders.
Ein interessantes Zwiegespräch.
Für Freunde der Antike und der Philosophie

Verlag: Books on Demand

**Die Odyssee
Eine psychologische Reise nach Ithaka**
Die „Odyssee" einmal aus einer anderen Sichtweise betrachtet und interpretiert. Homer kann durchaus als einer der ersten grossen Psychologen der Weltgeschiche bezeichnet werden

Verlag: Books on Demand

Siehe auch www.literatur.drvolkmer.de

Viertausend Kilometer Einsamkeit
Rapa Nui Osterinsel
Es ist die einsamste Insel der Welt und sie steckt voller Geheimnisse.
Ein Grund, dorthin einmal aufzubrechen und sich ein eigenes Bild von der Insel und den Statuen zu machen

Verlag: Books on Demand

Helena und Paris
Eine dramatische Liebesgeschichte

Es ist die Liebe zwischen den beiden und die Entführung der Helena, die zum Trojanischen Krieg führten.
Homers Epos „Ilias" ist die Basis für diese Liebesgeschichte.
Götter und Menschen gestalten dieses Drama
Verlag: Books on Demand

Siehe auch www.literatur.drvolkmer.de

**Die Schöpfung
Mythen und Erzählungen**
Seit den Anfängen der menschlichen Kultur haben sich nachdenkliche Geister immer wieder Gedanken gemacht, wie alles entstanden ist.
Mehr davon diesem Buch.

Verlag: Books on Demand

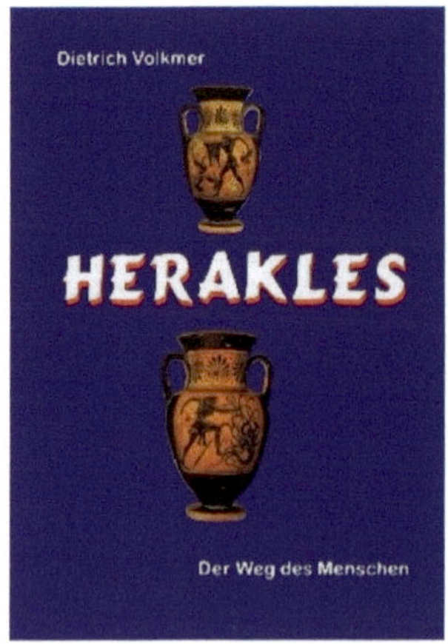

Neu im Dezember 2019
Herakles
oder
Der Weg des Menschen

Es ist die Geschichte eines mutigen Helden der an Helden reichen griechischen Mythologie, der ohne zu murren und zu klagen die Aufgaben erledigt, die ihm das Schicksal bzw die Götter auferlegen.

Verlag: Books on Demand

Siehe auch www.literatur.drvolkmer.de

Weitere Literatur des Verfassers mit näheren Angaben finden Sie auf den Seiten

www.literatur.drvolkmer.de

und
www.buchtipps.drvolkmer.de